都市年轻女性心灵成长圣典

文艺女青年向温婉新淑女的华丽蜕变

20 SUI ZUO DAIYU
30 SUI XUE BAOCHAI

爱琴棋书画，也爱柴米油盐；懂文学历史，也知道青菜价格；
偶尔感时伤怀，更要乐观向前；
少些低斟浅唱，多点市井智慧；放弃镜花水月，追求稳定幸福。

张丽婕◎著

20岁做黛玉 30岁学宝钗

中国致公出版社

图书在版编目(CIP)数据

20岁做黛玉,30岁学宝钗/张丽婕著． —北京:中国致公出版社,2011.1

ISBN 978-7-5145-0032-5

Ⅰ.①2… Ⅱ.①张… Ⅲ.①女性—人生哲学—通俗读物
Ⅳ.①B821-49

中国版本图书馆CIP数据核字(2010)第244488号

20岁做黛玉,30岁学宝钗

著　　者	张丽婕
责任编辑	岳　珍
出版发行	中国致公出版社
	(北京市西城区德胜门东滨河路11号西门　电话66168543　邮编100120)
经　　销	全国新华书店
印　　刷	三河市文阁印刷厂
印　　数	1—10000
开　　本	710×1000毫米　16开
印　　张	16
字　　数	200千字
版　　次	2011年1月第1版　　2011年1月第1次印刷
ISBN 978-7-5145-0032-5	定　价　29.80元

姐姐妹妹一起来

一直都想写点关于《红楼梦》的东西，但是找不到下笔之处。

小时候喜欢林黛玉，她的好多诗词都会背，同龄小伙伴中最厉害的不过背个完整的《七律·长征》，我却能把《葬花吟》一口气背下来。周围的大人们说，这小孩以后有出息。可是，我终究没什么出息，我只是跟着林黛玉一起"为赋新词强说愁"罢了。现在对这种现象有了新的界定：文艺女青年。

后来，慢慢的，我这个文艺女青年开始向世俗低头，琴棋书画变成柴米油盐，竟然连精神伴侣都换了花样儿，扛着锄头葬花的林妹妹越来越让我心烦，反倒是曾经一度觉得面目可憎的薛宝钗引发了我新的兴趣。我惊讶地发现，跟宝姐姐这样的人相处很温暖，很踏实，我打趣她，她不会恼；我心里有结，她会安慰我。这样的人也有专属名词：老好人。

"老好人"不是一个好词，但是，"老好人"又确实好相处。这种拧巴的关系忽然给我以灵感，决定写个关于林妹妹和宝姐姐的东西出来，分析一下我这个文艺女青年向世俗小媳妇转变的历程，顺便说道说道，为什么林黛玉必须死，薛宝钗必须嫁。分析得不对没关系，遭人批判也没关系，反正我又不是红学家！

女人永远都长不大，心里总有位林黛玉小姑娘，任性、娇气、爱吃醋、爱撒娇、多愁善感、爱情至上，特别是十几二十几岁的时候，巴不得全天下的人都围着自己转，稍有不满意了，不是撅嘴巴抹眼泪生气，就是寻死觅活地跟满世界为敌。这是我们的天性，由着性子胡来一番，谁也不能挑我们的不是——在30岁之前。

到了30岁，女人的性情多多少少都得有点变化，用不着别人逼着我们变，经历的事情多了，自然就由林黛玉向薛宝钗过渡了。我们不再任性，因为知道除了爹妈谁都不会任由自己胡来；我们不再娇气，因为懂得在这个竞争激烈的社会里必须学会坚强；我们不再把时间浪费在多愁善感上面，因为感慨和哀叹不能解决任何的实际问题；我们不再迷信爱情，因为深知感情比爱情持久，亲情比爱情可靠；我们不再唇枪舌剑讥诮嘲讽，因为圆润如玉温和可亲的性情才能赢得周围人士的好感和喜爱。岁月一步一步把我们推向"宝姐姐"身边，就连少女时代清瘦骨感的身段都变得凹凸有致、曲线毕露，没办法，时间主宰一切，我们身材和心灵都自自然然地丰满着。

偶尔，我们还会撒娇、抹眼泪、使小性子、唧唧歪歪——只是这心底深处的林妹妹情结只留给自己的"宝哥哥"一个人。不管是事业上的女强人，还是生意场上的女操盘手，只要回到心爱的人身边，所有后天学会的"为人处世"原则都可以丢在一边，在他面前回归那个小鸟依人的小女人，真真切切做一株绛珠仙草，依偎在自己的神瑛侍者身边。

从20岁到30岁，是个主动求变的阶段，我们要变美丽、变豁达、变睿智、变强忍。

从20岁到30岁，是个学着取舍的阶段，很多东西不论多久都不会改变，相信爱，相信感情，相信自己，相信天道酬勤。

不管你像林妹妹多一些还是像宝姐姐多一些，总会有这个阶段。让我们一同经历，一同见证，这本书就是你最铁杆、最贴心的"闺蜜"，帮你走过每一个纠结的岔路口，帮你做出每一个左右为难的选择。

作　者

2010年12月

目 录

第一章 谁是那靠谱的好男人

提到《红楼梦》，大多数人都会想到“爱情故事”，林黛玉爱着贾宝玉，贾宝玉却没能娶林黛玉。“若说没奇缘，今生偏又遇着他；若说有奇缘，如何心事终虚化。”这样的阴错阳差上演了几千年，让多少人纠结得肝肠寸断。

第二章 媳妇的美好时代

在《红楼梦》里，薛宝钗有很多世人传颂的言论，比如那句最著名的“好风凭借力，送我上青云”。然而，最打动人的，还是第一一八回她对宝玉说的一句话：“你我既为夫妇，你便是我终身的倚靠，却不在情欲之私。”一个女人可以把自己的“终身”托付给一个男人，全心全意地依赖他、信任他，这在情感多变的今天看来是何等的勇敢。

第三章 当个“大气女人”

还是那句耳朵听到起茧子的话：“好风凭借力，送我上青云。”薛宝钗是个绝顶聪明的女子，虽然同样寄人篱下，但是因为自己头脑精明、人情练达，境遇竟比林黛玉要好了不知多少倍。归根结底，因为她是个大气的女人。

第四章　分泌工作荷尔蒙

女人，你究竟想要什么？《红楼梦》大观园里的女孩子们仿佛一个个都目标明确。林黛玉想要嫁给宝玉；薛宝钗想要“少奶奶”这个位置；袭人要做宝玉的“二房”；还有个俏丽的探春，有才识，有胆识，她想像男人一样闯出去做一番事业，无奈自己是个女儿身，只能待字闺中，别无选择。

第五章　聪明女人要会“算”

大观园里的女人都得做淑女，也都是书女。老太太曾谦虚地说：“她们读什么书，只不过识几个字，不是睁眼的瞎子罢了。”但是这群人结诗社、行酒令，无一不是出口成章，典故一个赛一个多。正所谓“腹有诗书气自华”，女人一旦有了书卷气，灵魂也仿佛得到了升华，变得与众不同起来，书让女人抛弃了浮华、摆脱了庸俗，仿佛一坛陈年佳酿，虽不清冽但却醉人。

第六章　小女子亦要识大体

薛宝钗到贾府的时候，并没重点介绍，但是，宝钗很快就征服了贾府上上下下的人。她“年纪虽大不多，然品格端方，容貌美丽，人人都说黛玉不及”，“又行为豁达，随分从时，不比黛玉孤高自许，目无下尘，故深得下人之心，就是小丫头们亦多和宝钗亲近”。宝钗为自己赢得好人缘，以至于林黛玉心生不忿。

第七章　何来倾国倾城貌

很多人喜欢《红楼梦》里的衣服、首饰、排场，喜欢那说不完道不尽的穿衣学问，痴迷那乱花渐欲迷人眼的绫罗绸缎。不管是姐姐妹妹，还是哥哥叔叔，每个人都光鲜体面，一进大观园，活脱一场光怪陆离服饰秀，让人看得垂涎三尺，我们现代人的服饰与其比起来，简直是破布片一堆。

第八章 属于女人的加减法

于丹教授曾经讲过她自己的“加减法则”，她说：“人在三十岁以前，是用加法生活的，就是不断地从这个世界上，收集她的资格、她的学习经验。财富、情感、名誉，这一切都是在用加法的。其实物质的东西越多，人是越容易迷惑的。”

第一章

谁是那靠谱的好男人

提到《红楼梦》，大多数人都会想到“爱情故事”，林黛玉爱着贾宝玉，贾宝玉却没能娶林黛玉。“若说没奇缘，今生偏又遇着他；若说有奇缘，如何心事终虚化。”这样的阴错阳差上演了几千年，让多少人纠结得肝肠寸断。幸好我们女人学乖了，不再为个臭男人寻死觅活。好男人的标准就是只让女人笑，不让女人哭。若是一段感情需要你的眼泪来浇灌，那么结出来的也必定是苦果子。咱要立志找个靠谱的男人，向全天下宣告：宁愿我付天下男人，也不让天下男人付我。

1. 谁是那靠谱的好男人

不同时间，不同地点，不同年龄段的两位女性朋友跟我抱怨了同一件事：男人不靠谱。前者二十出头，恨嫁心切，急功近利，制订一堆择婿标准信誓旦旦要把自己嫁个好价钱；后者年过半百，梅开二度，不想后半生孤孤单单走一程，所以就豪情壮志在我胸地走上了征婚之路。一个是妹妹，一个是阿姨，都是美人，都高素质，都自食其力，可是在男人这个问题上都跟家庭妇女一模一样抱怨："天底下没一个好男人!"——哪怕聊天的地点是在颇具小资情调的欧式咖啡馆。

先八一八（八卦这个词，用起来相当靠谱）小的。老妹大学毕业之后在北京找了份光鲜体面的工作，像传说中的白领一样出入写字楼，显而易见比我这个当姐姐的有出息。她身边也是级别相当的白领男，按她妈妈的眼光来看，随便拉一个当女婿都好。可是，妹妹心气高着呢，她跟其他女同胞一样，总想找个比自己"强"的男人当老公。如果自己月薪五千，找个月薪五千的老公多没面子；如果自己身在国企，不找个身在外企的老公岂肯罢休？如果自己如花似玉，对方长得不英俊帅气，怎配得上自己？不断有人介绍，不断淘汰与被淘汰，以至于老妹从进入职场那天起就扬言要嫁人，一晃三年过去，仍旧形单影只。用她自己的话说："相一次亲，就绝望一次。"原以为自己对未来老公没什么要求，但是阅人无数了，反倒列出无数条"不喜欢"。矮个子的不喜欢，胖子不喜欢，戴眼镜的不喜欢，理工科的不喜欢，爱好文学的不喜欢，热衷网游的不喜欢，养宠物的不喜欢……问她喜欢啥样的？不知道，反正，没感觉就是不喜欢。不喜欢也就算了，老妹还武断地下了个结论：这些男人都不靠谱！

老妹还在寻找靠谱男人的路途上艰难跋涉，一位阿姨又踏上了这条喜忧参半的旅程。阿姨早年丧偶，独自带着孩子生活，她做生意吃了不少苦，终于小有成就，孩子拉扯大了，自己想找个伴。于是，受了网络相亲的蛊惑，自己注册了账户到茫茫人海中寻找晚年的幸福。不找则已，一找惊人，认干妈的、找富婆求包养的、寻一夜情的、恋母的、请教生意经的……通通都来了。阿姨对着电脑惊呼：这是什么年月，找个靠谱的男人就这么难？

妹妹也好，阿姨也罢，虽然都是智慧型美人，在男人这件事上还真没我这个情商偏低的人看得清楚。所谓“靠谱”是个肯定词，总得列出些正面肯定的条件往上“靠”，才知道有没有谱吧？您二位心里连个谱都没有，别人怎么靠？

说起来，还得向宝钗姑娘学习，知道什么样的男人是那靠谱的男人。林黛玉喜欢宝玉，那是一种纯粹的情感饥渴，她觉得宝玉是她的依靠。她靠他什么？她未必清楚，只知道他是她心上人，是她的知音，跟了他，她漂泊的灵魂便有了皈依，其他所有的男人都是不靠谱的。薛宝钗则不这么看。宝兄弟起初并不是那靠谱好男人，不懂经济仕途，憎恶官场之道，更讨厌圣贤教条。但是，宝兄弟家世好，门当户对，两家老人满意，而宝兄弟本身聪明，大有出落成靠谱男人的潜质。所以，他不但靠谱，而且是众多靠谱男人中最唾手可得的一位。

真所谓瞄准靶子再开枪，知道什么是靠谱的，才能去屏蔽那些不靠谱的。抱怨天底下男人都不靠谱的姐姐妹妹（及大妈阿姨）们，先想清楚你们心目中的靠谱男人究竟什么样吧。前辈有云：“十个男人七个傻八个呆九个坏，还有一个惹人爱。姐妹们跳出来就算甜言蜜语把他骗过来，好好爱不再让他离开。”十个里面就有一个好男人，这概率已经相当靠谱啦！

2. 感情不是卫生巾

某女不幸爱上浪子某男。俩人只要一吵架，某男就玩消失，没过几天又回来。再吵架，再消失，某女满世界找一圈，过几天某男又回来。某男就像个青春叛逆期无限长的小孩，闹脾气就离家出走，一饿了又耷拉脑袋回家吃饭。折腾几年，都累了，某女宣告撤退。某男却不放手，认定她就是他想找的那个人。你倒是好好过呀，不行，稍不顺心还玩消失。某女跟闺蜜们哭诉，闺蜜们毫不同情，口出恶语："你又不是卫生巾，凭什么他想垫就垫?"

我不提倡把男欢女爱写得过于纯洁高尚，但是也不认为两个人的感情可以像卫生巾一样，需要的时候拿来垫一垫。为了依附，为了救赎，为了自我安慰而拉上一个垫背的。现在，不结婚而同居的多得是，有今天没明天的多得是，大家为了某种需要而"搭伙过日子"，这充其量是需求与供给的交换，跟感情无关。若是一个人只在他需要温暖的时候才靠近你，请你尽早让他死了这条心。

见过很多女孩子，有点儿才情、通晓诗文，掉进才子佳人的浪漫幻想里，苦苦迷恋着诗人、画家、导演、文化商人、作家，被他们的外表、个性、才华吸引，全然不顾他们风一样放荡不羁的性格，心甘情愿黏在他们身边做他们的"灵感来源"、"心灵港湾"，更有伟大者扬言不要名分不要钱什么都不要只要在他身边温暖他。我的神，咱有那么强大的力量，温暖温暖自己好不好？

女人是需要安稳舒适的生活的，需要男人的承诺，需要一纸婚书，需要安稳的日子。那些拿着感情当礼拜天过的男人可以给你一段“非凡”的爱情体验，却注定是镜花水月，过眼云烟。如果把艺术家们的创作工程比喻成一场祭祀的话，女人就是不可或缺的一种极品。尽管这样，还是有很多女人飞蛾扑火般矢志不渝，将自己的青春韶华陪葬给那些不负责任、甚至心里根本没有“责任”二字的男人。

何苦。何苦。

在这一点上，广大女青年应该学习大才女林徽因。林徽因出身官宦世家，自幼才情了得，比大观园里那些女孩子们丝毫不差。16 岁的时候，林徽因游历欧洲，在伦敦结识了当时正在英国游学的才子徐志摩。当时徐志摩已是一个两岁孩子的父亲。情窦初开的林徽因被徐志摩渊博的知识、风雅的谈吐、英俊的外貌所吸引。两位才情横溢的青年相恋了。徐志摩那首著名的《偶然》就是写给林徽因的：“我是天空里的一片云，偶尔投影在你的波心。”

投影是投影了，可徐志摩毕竟是有家室的人，林徽因很清楚地认识到这一点。经过一番理性的考虑，她放弃了这个在温柔乡里畅游的男人，而是同意了父亲为她定的一桩婚事，嫁给著名学者梁启超的儿子梁思成，二人比翼齐飞，游学欧美主攻建筑设计。

每次回想起这段历史，我都为林徽因的选择拍案叫绝。一个情窦初开的小姑娘，在面对浪漫诗人的浓情蜜意时，能够及时守住自己的感情，这是多么不易的一件事。要知道，当时的徐志摩可是女人爱、男人也爱的可人儿。如果林徽因稍微天真一点儿，糊涂一点儿，哭哭啼啼地让志摩 GG 离开那个并不深爱的妻子，毅然决然地投入他的怀抱，若干年后八成就落得个弃妇的下场——徐志摩在林徽因之后很快爱上了交际花陆小曼，这就是证明。

所以呀，女人总得知道自己在男人的眼中是什么分量，认清当前这个男人究竟是出于什么目的跟你交往。如果你甘愿游戏人生，那也就罢了；如果你是希望认认真真恋爱结婚的，一定不要被在你身边需索温暖的男人哄住，成为他的备用品、淘汰品。要找，咱也得给自己找“护舒宝”啊，干吗要让别人“安尔乐”？

3. 其实他没那么喜欢你

看过一部由珍妮弗·安妮斯顿主演的电影，名字叫《He's Just Not That Into You》，其实他没那么喜欢你。这样的一个名字，由有过丈夫背叛经历的女人来演绎，别有一番滋味在其中。看电影之前，忍不住会对安妮斯顿、皮特、朱莉三个人的三角恋情回顾一番，虽然事隔多年，仍是娱乐圈里聚焦率最高的一次劈腿事件。作为"受害者"，安妮斯顿似乎从其中收获了太多经验和教训。我小气地以为，安妮斯顿会在电影里扮演一个怨妇，看了电影之后才知道，其中深意比其个人经历更值得品评和回味。

电影的开头很有趣，从非洲某部落的土著，到纽约高级餐厅里的白领，从体态富贵的中年妇人，到魔鬼身材的窈窕少女，世界上，几乎每一个角落里，都有女生在问：为什么他没有给我打电话？为什么他不来找我？为什么他突然失去了联系？然后，这样的女生身边，总有一群劝解她的死党好友。好友总是说，"他这样做只是因为太爱你了"，"也许他害羞"，"也许他自卑"，"也许他不知道怎么联络你"，"相信我，他肯定是喜欢你的"……女人们只想赶快让姐妹们笑起来，却很少想该怎么让她们清醒。

事实是，他只是不想找你。如果一个男人真的喜欢你，他会动用一切力量去找到你，ipad，iphone，email，msn，google……现在不是石器时代了，真正喜欢你，即便经历海啸、洪水，即使你消失在人海，大海捞针他依然会找到你——只要他想。

一个男人，不可能因为顾及他和另一个男人的友谊而放弃心爱的女人，他也不可能因为害羞和自卑而不敢追心爱的女人，他唯一“害怕”的是你不拿正眼看他。

一个男人，永远用“忙”来做借口敷衍你，就请你快离开他吧。他很忙，即将成为公司CEO，一个小时好几亿的生意要谈，忙得快疯了，一天根本抽不出时间与你打电话。这种鬼话还是留着骗鬼吧。有手机、有快速拨号、甚至有语音拨号，有时压根没想打电话，电话就从裤兜里拨出去了，为什么没有时间打电话给你？如果真喜欢你就不会忘记，如果忘记说明他不在乎你失望。“忙”就是恋爱上的大规模杀伤性武器，是“混蛋”的同义词，混蛋就是用“忙”敷衍你的那个人。

一个男人，如果他喜欢你，就不会暧昧不清，就会昭告天下对你的所有权，他不愿意见你的朋友和家人，说因为是和你在一起而不是要和你家人谈恋爱，他不愿意带你走进他的圈子，说因为这只是两个人的事。如果他用以上种种借口解释你们之间的暧昧，那么请自动翻译成“我只想用你来消磨时间”、“我不太喜欢你”。

一个男人，对你没“性趣”，不是什么好事。真正的男人会说：“我是男人，如果我喜欢你，我就吻你，会想看你穿内衣和不穿内衣的样子。”男人本“色”，多么伟大的正人君子也不可能坐怀不乱。如果他喜欢你就应该是喜欢你的内在和外在，难道你要一个喜欢你的人与你说“我很爱你，让我成为你的心灵之友吧”……我估计柏拉图他老人家也不会这么说。他对你视而不见，即便你暗示和勾引也对你没“性趣”，那只是因为他不喜欢你。

一个男人，如果时机成熟但他依然不想结婚，你必须弄清楚，他到底是不想结婚，还是不想“跟你”结婚。“也许同居不错”、“他受到童年家庭阴影”、“他还没准备好”…… 别用这些凭空想象出来的理由宽慰自己。不肯给你婚戒，不肯给你承诺，他就是爱你不够。记得蔡琴的遭遇吗？一同过了十年“无性婚姻”，丈夫转眼就跟另一个美女上了床。

一个男人，如果总是喝得醉醺醺才来找你，而不在清醒的时刻对你有所表示，那么就该离开，因为长远的生活是需要清醒的。

一个男人，反复跟你分手、和好、再分手。赶紧结束吧，你又不是悠悠球高手，经不起这样的折腾。

一个男人，莫名其妙玩消失，放心，他不会出车祸，不会受伤，更不会自杀。他只是自顾自地 happy 去了，完全不考虑你的感受。恋他何用？

有那么一句话，大意是说，男人如果爱你，那你就一定会有感觉的，如果你现在想起的只是他给你的不安，那么，其实他没那么喜欢你。安妮斯顿在公开场合总是表示，自己还是爱着皮特，感激他曾经给她那么多美好的回忆。这样的坦然和大度，也许正是因为她想明白了，他不是偷欢，不是假戏真做，不是抗拒不了诱惑，只是当时的他已经没有那么喜欢她。

4. 何必贱贱爱上他

深夜 KTV，陪着女友买醉，喝醉了的女人靠在我的肩膀上唱给那个曾经的男人："想为你披件外衣，天凉要爱惜自己，没有人比我更疼你。告诉你在每个想你的夜里，我哭的好无力，就让秋风带走我的思念带走我的泪，我还一直静静守候在相约的地点……"

要不是关系太好，真想把她丢在大街上。人家都跟别人跑了，你还给人披外衣呢，不大嘴巴抽他算便宜他了。

气话归气话，还是得安慰朋友。一年的时间不算长，却也不算短，尤其是对于一个二十八岁的女人来说。她诚心想嫁，他却没心思娶。她给他打电话，听到他电话那边有别的女人的声音。她知道那是新欢，却不愿发飙，装作很理智地照样叮嘱他天凉注意身体，多保重。挂上电话自己流眼泪抱怨说，我这么贤良淑德的一个人，他怎么就会对不起我？

爱情方面，犯贱的女人总是没好下场的。我想这么说。但是话到嘴边，觉得太毒舌，只好压住火气，说，女人，总是要矜持的。

现在的电视剧、电影动不动就煽动大家主动出击、追求真爱，恨不得让所有女人都成为"套狼高手"；或者设计一个女主角，想尽各种办法挽回负心男友，最终二人重归于好。这真是"毁人不倦"，害人不浅。

不要忘记，男人与生俱来就有征服欲，不论是面对世界面对爱还是面对女人，男人都想扮演角斗士，主动性、攻击性和侵略性是他们的雄性本能。正是在这种主动出击和积极进取中，男人的好奇心才被吊起，男人的征服欲获得满足，所以在情爱心理方面，男人更倾向于主动性。反过来，如果女人试图打破这种平衡关系，由“守株待兔”变成“投怀送抱”，那男人的好奇心就会降低，征服欲就会减弱，整个求爱过程就会变得索然无味。男人要么选择拒绝，要么就跟你玩一场不负责的游戏。最终受伤的还是女人。

如果女人不甘心，还是自欺欺人地抱有一丝幻想，想方设法地取悦男人，满足男人的各种要求，男人就会觉得这个女人毫无神秘感，还会在潜意识中要求女人：“你还可以为我付出更多。”长此以往，女人一味付出，男人一味索取，男人的主动性变成彻底的被动性，女人的爱情就不可避免地发生了。早晚有一天她要歇斯底里地大喊一声：“为什么我那样对你，你还……”这就是典型的自己犯贱找抽型。

《红楼梦》第五十四回，贾母评论说书话本《凤求凰》时说：“这小姐必是通文知礼……只一见了一个清俊的男人，不管是亲是友，便想起终身大事来，父母也忘了，诗礼也忘了，作出这些事来，鬼不成鬼，贼不成贼，那一点儿像个佳人？”第九十七回黛玉病重，贾母看望时又说：“孩子们从小儿在一处玩，好些是有的。如今大了懂得人事，就该要分别些，才是做女孩儿的本分，我才心里疼他。若是他心里有什么别的想头，成了什么人了！我可是白疼了他了。”这老太太的言语，基本就代表了中国家长、男人们的心声——只是单相思的女孩不爱听。

别以为现在年头开放了，大家都受了“新式教育”，男女差异就不那么明显了。实话告诉你，大男子主义丝毫不因社会的进步文明的教化而减轻。女人越来越强，并不会为自己挣得更多，反而会让大男子主义反弹一样地崛起，跟强势女人对着干。

就拿我那倒霉女友来说，接受正规高等教育，又在高等教育机构任职，算是真正的白领丽人了吧。可越是这样，越不被“准婆婆”看好。

还没说什么呢，第一次见面时就有下马威：可别觉得你是大学老师就得让我儿子听你的，你要是嫁过来，跟别人家的媳妇没啥两样。

好，我这女友可是朝着贤良淑德的方向去了，嘘寒问暖，体贴周到，男友没钱花了她都要用自己的血汗钱接济一下。结果呢？准婆婆说，这种倒贴的女孩，不值钱。不值钱的意思可不就是贱么？

酒醉心碎的女友大哭着问我们：我到底哪里做得不好？他为什么这样对我？他妈为什么就看不上我？我想了想说，谁让你贱贱贱贱爱上他？你都快成老妈子了，要取代他妈妈的位置了，他妈妈能看上你才怪！

5. 别捅那层“纱”

有句老话说：“男追女，隔重山；女追男，隔层纱。”意思是说女人追男人很容易追到手，这就误导了很多女人勇敢地去追求自己喜欢的男人。她们觉得自己的幸福要自己去争取，这话没错，可是照我看，这事成功的几率很小，能够顺利走向婚姻殿堂的几率更是不大。

我们先看看女追男为什么就“隔层纱”。男人一般是比较怜香惜玉的。他知道一个女人主动向异性表达自己的好感需要勇气，所以他会对这个女人表示最起码的尊重和感激，即便是他不喜欢这个人，他也会很礼貌地说“谢谢你的好意”、“我已经有心上人了”，并且很多男人会追加一句：“我做你哥哥吧，以后有什么事情尽管找我！”听起来很仗义，很豪迈，这就更让女追求者心存一丝幻想：做哥哥，还是有机会接近他，有机会征服他！在这一丝幻想的牵引下，傻女人又要赔上大把的时间、精力和眼泪，这就是执迷不悟。

假如遇到那种“广种薄收”型男人，女人就更倒霉了。既然有女人主动送上门来，为什么要决绝呢？世面上出现大把的“三不男人”——不主动，不拒绝，不负责。他敞开他博爱的胸怀，像“布施”一样接纳一个又一个痴情女人。假如那女人对他要求专一专情，他会冷酷地丢下一句：我并没有要求你这样做啊！

很多女人在论坛里哭诉，自己那么那么喜欢他，他却对她那么那么冷漠，搞得她那么那么寂寞。最根本的原因就是她们打破了男人主动、女人被动的情爱游戏规则，让男人丧失了征服女人的乐趣。

所以我觉得，女追男隔的这层“纱”绝对不是一捅就破，而是看似简单容易，实则暗藏玄机。《男人约会向北，女人约会向南》这本书中有段话写得很经典。女人必须注意一点，即使你特别喜欢他，也不要倒追他。套牢他的秘诀是：你要善于对他的追求做出积极的回应。女人的接纳，都是通过引诱表现出来的。女人可以引诱响应男人的追求，这是非常令人兴奋的。因为男人总是在不断地寻找机会证明他能给女人幸福。同时，男人的追求也让女人感觉到，有人正在努力讨她的欢心。

“蹴罢秋千，起来慵整纤纤手。露浓花瘦，薄汗轻衣透。见客人来，袜铲金钗溜，和羞走。倚门回首，却把青梅嗅。”这首《点绛唇》熟悉吧，没错，就是李清照的美丽初恋。情窦初开的女孩子，荡秋千玩得起劲儿，满头大汗，忽然有美少年来家串门了，慌慌张张就要“避嫌”往屋子里跑。哪里是真躲啊，装装样子就算了，倚在门边，假装嗅青梅，其实是让美少年看自己一眼，所谓“勾魂”，最恰当的解释莫过于此吧。

再看其他那些古代大家闺秀们，遇到一个才子，即便爱得死去活来的也绝不会直奔主题，而是粉面含春低头不语，偶尔来个眉目传情暗送秋波。这种欲说还休的架势才是最让男人心魂荡漾的。关键时刻小姐们还会把手帕往地上一掉，书生自然会给她捡起手帕。如果到此为止，可能就没有下文了。偏偏那小姐走到拐角处时，还要转回头来对书生来个“回头一笑百媚生”，那背影足够让书呆子们三天三夜睡不着。一处凤求凰的好戏就这么开场了！

雄性动物在雌性动物面前从来没有“榆木疙瘩”，要追谁不要追谁，谁能追谁不能追他心里有数。如果你吸引他，他会表现得积极主动的。《血色黄昏》里的男主角苦苦追一位女知青而不得，那女知青嗑下来的满桌子瓜子皮他都会小心翼翼地当宝贝珍藏起来。所以，女人千万不要觉得你追那个男人没有得手是因为对他的爱不够多，或者他矜持。错了，男人从不矜持，他如果拒绝了，就是不喜欢你，而且不会改变；如果他毫不犹豫地答应，那他肯定是把你当成“备用品”。

女人是需要人追、需要人捧、需要人好好呵护的，千万别被哪个臭男人的表象迷惑了眼睛，把他当成“猎物”去围猎。像林黛玉那样“上赶着”，精神可嘉，方法不对。最好像薛宝钗，都不拿正眼多瞧他一眼。如果你实在喜欢他，只需要给他一个小小的暗示。他要是对你有意思，他立刻能够感受到你的“心电感应”；如果他对你没兴趣，你就不要浪费自己的时间和自尊啦。

6. 如果一个人

身边一群“剩男”“剩女”。人家可不是被剩下的，而是主动选择单身。他们多数自己租房，经济条件更好的是自己买房子。他们或者有男女朋友，或者有暧昧的对象，偶尔约个小会泡个小吧，过得无比滋润。要是你看见了，你都不好意思劝人家结婚。

一个人挺好。至少，我看身边那些单身男女们，都过得挺好，用他们的话说：不婚，照样爱；单身，照样帅。看上去瘦瘦小小的一个女孩子，单身照样过得活色生香。过了三十的就更不发愁了——除了体重和钱。

一个人挺好。周末，该逛街逛街赴约赴约。和不同的男女朋友，为了不同的事情，聚在一起，吃饭喝酒 K 歌，尽情说笑。当然，想哭也可以纵情地哭。哭完了拍拍脸，睡一觉，第二天醒来又是美女一个。

一个人挺好。听杨千嬅，听陈奕迅，听张学友，看书，看报纸，看杂志，做一个内心丰富的人，做一个内心有深度的人。一段好音乐，一篇好文章，打发一段悠闲优美的时光，这是忙于家务的人求之不来的。

一个人挺好。不用在老公面前扮淑女、扮温柔；不用在公婆面前装贤惠、装稳重。一切以自己为中心，能多潇洒就多潇洒，能多豪迈就多豪迈，可以不拘小节可以邋遢，可以浓妆艳抹对镜自赏。自己完美了，世界就跟着完美。

一个人挺好。一人吃饱，全家不饿，自己挣钱自己花，请朋友吃饭时大方埋单，不亦快哉。女人学会赚钱和理财是进化的需要，这个时代赋予咱权利，不用白不用。

一个人挺好。闲来无事的时候，在星巴克买个大杯咖啡在落地窗前坐一坐，或者到麦当劳买个奶昔边吃边看小孩子过生日。外面人来人往，车水马龙；咱心里淡定坦然，宁静安详。若是看到辣妈抱着小孩子在身边走过，朝小宝宝扮个鬼脸，看着稚嫩的笑脸回应自己笑容，暖洋洋的感觉弥漫心头。

一个人挺好。走街串巷，去店里淘不同的好玩的小东西，一串一串挂在包上，手机上。甩甩头发，走在来去匆匆的路上，微笑着抬头眯着眼睛看着明亮的天。

一个人挺好。不用考虑过年过节去谁家。咱定期回家看父母，过生日的时候吃妈妈煮的长寿面，父母过生日的时候给他们煮长寿面，再用自己的薪水给他们买礼物。

一个人挺好。不吸烟，也不吸二手烟。不用等他酒局晚归，自己随意参加喜欢的酒局。在家看一部小文艺的片子，就着半瓶红酒，或哭或笑，沉淀心情。

一个人挺好。相信爱情，但不迷信爱情。可以多情，但不滥情。不为某个人爱得撕心裂肺追着问你到底爱不爱我。也不用为等一个电话一个短信熬出大半夜得个熊猫眼。爱你，他自然会说。不爱你，纠缠也没用。

观念老一点的人总觉得，到了一定年纪就得结婚。男人要找个媳妇给自己洗衣做饭，女人要嫁个汉子穿衣吃饭。可是现在，愿意给男人洗衣做饭的何止“妻子”这一个人？女人自己挣钱照样可以穿花衣吃好饭，甭管中餐西餐。男婚女嫁丧失了原有的经济交换基础，成为众多生活方式中的一个备选答案。既然是备选，人家不愿意选，谁都没资格说三道四。

生活可以很复杂也可以很简单，那些单着的，说不定哪天“婚”了，比谁过得都好。因为懂得爱自己的人，才懂得如何爱别人。

7. 爱就得做

女人都爱问："你爱我吗?"女人还爱说："你不爱我。"既然能自问自答了，还费事干啥？不行，那也得问，那也得答。女人就看中这个。

其实，有个办法，让我们省了这份儿心，用这个方法试试那个男的，就知道他到底爱不爱你。如果试出来他真的不爱你而你又舍不得离开他，那就是你的事儿了。

你可以对他说："我不喜欢现在厨房的样子。颜色让我不舒服，柜子也都不合适，东西放的位置都不对，每当在这个厨房里做饭做菜我的心情都糟透了。"如果他很爱你，他主动说："宝贝，你想把厨房变成啥样?"你说："重新装修!"看着吧，他会很快就到建材市场去问装修的价钱，至少也要在淘宝上看看涂料和家具，然后在某个周末，大刀阔斧地为你装修厨房。

真的，男人的爱就是这样，不挂在嘴上，而是落实到行动当中。我不是学医的，也没读过解剖学，不过我觉得男女的大脑构造肯定是有差别的，掌管语言技能的部分肯定有所不同。女人的语言表达能力普遍要比男人强，男人的思维就是解决问题。这一点，很多女人不明白。再拙嘴笨腮的女人也比男人能说会道。女人有了烦心事，首先就想到跟人倾诉；有了高兴事，首先想到跟人分享。而男人不这样，他们注定不善表达，从而不爱表达。他们爱一个人的方式就是为她做事。如果你让他为你做件事，一件合情合理的事，而那个男人不肯做，你就要离开他。

把爱跟做联系在一起，成年人总要窃笑。没关系，笑归笑，咱道理还得掰扯。

某次，小两口吵架，女的埋怨男的："让你往东你偏往西，让你做点事比登天都难!"男的还嘴："那以后床上的活儿你全做，床下的归我，怎么样?"女人竟然被噎了个烧鸡大窝脖，硬是不知道怎么还嘴好。

要是所有男人都拿这句话哄骗女同胞，恐怕要出人命了，肯定有那强悍的"母老虎"系列揭竿而起，为自己的地位平反。对，就得这么出狠招，才能让那些投机取巧的家伙们抽掉懒筋老老实实做事。

以前，女人总是在结婚之前苦苦寻找那个真正爱自己的男人。现在社会开放多了，可以不结婚，先同居，或者说试婚。一边试验，一边看这个男的到底是不是真正爱自己的男人。相比较起来，女人强悍多了，但仍旧缺少安全感。那么，不妨用用这一招，看男人愿不愿意积极主动帮你做事。

一个男人之所以称为男人，为心爱的人撑起一片天是他起码的义务。心爱的人，包括父母，女朋友，妻子，孩子。男人要挣钱养家，孝敬老人，抚养孩子，这都是要靠实际行动来实现的，必须靠"做"，才能让他的爱变得妥帖实在。电影《多大点事儿》里，朱雨辰扮演的一个电缆维修工小坡要跟女友结婚，而未来的丈母娘就是嫌他穷，认为嘴上说的爱靠不住，必须幻化成房子、车子这些看得见摸得着的物件。女友要拿钱给小坡去付房子首付，小坡不同意，一定要靠自己的本事去挣买房子的钱。他没白天没黑夜地忙活，按照客户的要求打造出一辆"装甲车"出来，就是为了用自己的双手"做"给女友、未来丈母娘看。这才是爱，真正的爱，敢担当的爱。要是遇到这种男人，不说"我爱你"，同样要看牢。

8. 同居、试婚悠着点儿

如果说电影《非诚勿扰》把相亲这件“旧事”轰轰烈烈地“重提”了一下，《非诚勿扰 2》恐怕要把试婚这件“新事”推向风口浪尖。电影尚未公映，故事情节已经吊足了人们的胃口，套句白云大妈的话说，那是“相当期待”。

试婚，又不太像同居。同居么，就是俩人住在一起，比简单恋爱更近一层，又没领结婚证，也不以夫妻名义住在一起。以前人们老说“非法同居”，搞得很黄很龌龊。现在随着人们观念的开放，“非法”换成了“婚前”，潜意识中已经把同居当成结婚之前的筹备阶段了似的。那么，试婚呢?

试婚，比起同居更进了一层。同居就是住一起嘛，你还是你，他还是他，还没到惊动家长的地步。试婚可就不同了，既然跟“婚”沾边，就少不了家长、乃至整个家族的干预，爸爸妈妈问长问短，七大姑八大姨问东问西，其实已经有了婚姻的实质，只差“合法化”。

试婚比同居更具体，试着结婚，感觉好了就真结，感觉不好就分开，手续费都省了，一结一离算上照相片好几十块呢。

我想，同居、试婚的出现是人们对婚姻越来越重视的表现。因为都期待天长地久，因为都想偕老白头，又对传说中的婚姻有所畏惧，所以，先循序渐进地试一试，找找感觉。从这个角度讲，这是社会的进步，是对“婚姻”的保护。说不定真能为降低离婚率做点贡献，少些单亲家庭长大的孩子。若是独立性够强心理素质够好，这样的婚前生活还真不错。

但是，事情总有两面性，有好处就会有坏处。坏处就在于，每个人对同居、试婚的感觉不一样。假如双方对“试”出来的结果都满意，固然皆大欢喜；要是都不满意，宣布散伙重新调整状态，也算是好聚好散。怕就怕一方试得有滋有味，另一方却觉得寡淡无味，造成一个想放手、一个死抓不放的难看局面——很不幸，通常这个受伤害的角色是女人。

有个比喻说，女人是筑巢动物，男人是狩猎动物。意思是说，女人就喜欢有家的感觉，一旦成了家，心里就只有家，守在这里不乱动。而男人喜欢出去到处游走，家仅仅是他生活的一部分，不是全部，即便成了家，他还是要出去寻花问柳、饮马江湖。若是真的结了婚，有个小本本作证，有党和人民为咱做主，那男的做出血出格的事情来你还有办法收拾他。可是同居、试婚的话，你顶多在道义良知上谴责一下他，分开的话，一毛钱都得不到！

所以，面对同居、试婚这样的“花样”，还要心理力量够强大、观念足够开放才行。不是说最好的事情做最坏的打算么，同居、试婚之前想好，倘若实验失败怎么办。

写到这里的时候，忽然想起早些年看到的一篇文章，介绍爱尔兰的婚姻制度。出于宗教原因和土著人的习惯，爱尔兰的法律是禁止离婚的，但是，公民也有多次选择配偶的权利，怎么办呢？他们想了个办法，实行期限婚姻。就是说，男女双方在结婚之前可以商量，定个有合同期限的婚约，婚姻期限从 1 年到 100 年不等，期限届满，婚姻终止，双方当事人如有继续共同生活的愿望，可办理延缓登记，延续婚姻关系。

也许你会问了，那岂不是便宜了“把婚姻当儿戏”的人？咱就一年一年签呗！是啊，免不了有钻空子的，于是，法律规定，婚姻期限签得越短，申请费用越高。只签一年的话，要上千磅。如果100年，那费用几乎可以忽略。看来，不管是在什么国家，在哪个时代，基于何种信仰，都是爱得越久，越无法用金钱来衡量！

9. 财迷的幸福生活

看小说《杜拉拉升职记》的时候，印象最深的是这样一句话："人总得有追求，有个事情让你沉浸，你想到这事就会兴奋投入，寂寞也罢辛苦也罢就都可以忍受了。"喜欢作者用的这个词：沉浸。

女人最容易沉浸的是什么？爱情。卿卿我我，期期艾艾，哼哼唧唧，才下眉头又上心头。最终弄了一身的病，治得好也就罢了，治不好就赔上了一条小命。这对于计划生育政策下家家只有一个娃的现代爸妈们来说，太残酷了。

咱别自己作践自己了，若是爱情没了，就别沉浸其中，还是换个活法，沉浸地赚钱吧。没错，爱情，总是女人生命中不可缺少的必修课，甚至很多女人都把它当成了"基础课"——没有它活不了，她们巴不得恋爱、结婚、生儿育女一口气全搞定，然后坐享其成等老公养着。这就是弱智的表现了。现在是个感情让位于现实的时代，结婚的人一波又一波，分手的也不在少数，更有很多女孩干脆就选择单身，因为她们觉得，没有爱情也活得照样滋润。

让我们看看沉浸地赚钱有啥好处。首先，你经济独立，就有自尊。亦舒说了："我这一生不会倚赖任何人，或向任何人恳求时间、金钱以及怜悯。我的一生将掌握在自己的手中。"听这豪迈，听这自信，都源自于经济上那份自主。看到过一份女明星嫁入豪门之前的协议书，就像一本账目，明明白白记录着她嫁入时婆家给多少，规定了结婚之后不许拿钱给娘家。看来看去，怎么都不像是嫁进去反倒像“卖”进去。这样的媳妇过了门，“钱景”怕是一片灰暗吧，在人家的地位也可想而知。

其次，经济独立与否代表我们身价高低。古代嫁闺女的时候娘家给嫁妆是十分讲究的，嫁妆越多，姑娘嫁到别人家里越受重视，证明人家不是来“吃白食”的，是有自己经济基础的。现在这个风俗不那么重要了，但是观念并没有在人的头脑中清除。如果你身无分文就那样嫁到婆家去，新郎是你挑的，他没话说，新郎他妈妈恐怕也会挑三拣四给你话听。可怕的婆媳关系哟，从此无宁日。

更重要的是，经济独立的女人更自信，自信的人从内到外会散发一种挡不住的美丽，它使你吸引那些具有慧眼的“英雄”们来爱你。你有自己的职业，经济上自给自足，人格上自尊自信；你懂得享受生活，把自己的小屋子（哪怕只是租来的）装点得温馨浪漫；你不用浪费太多精力在琐碎的家务劳动上，于是有充足的时间约上闺蜜去买漂亮衣服、做SPA，而不是流连于菜市场和家乐福超市；你可以花费更多的心思在工作上面，别人花前月下，你加班加点，最终赢得了职场上的一席之地。这样的女人，怎能不让男人垂涎？著名的节目主持人、女企业家杨澜就是在工作中邂逅了自己的丈夫吴征，二人的婚姻被誉为媒体业与商业最完美的结合，这就是杨澜告别第一次婚姻之后沉浸在工作中的意外结果呀！

所以，“财迷”的女人没有错，与其在感情的漩涡中纠结难受，不如跟白花花的银子黄澄澄的金子交朋友。专注于工作，研究理财窍门，调整投资方略，做个小富婆比啥不好？这世界上，有钱的单身女人比穷困潦倒的邋遢媳妇过得滋润，谁都不会抬杠！投资在职场比投资在爱情划算，沉浸于事业比沉浸于爱情安全，成熟了就该明白其中的道理。

我要对姐妹们说，别为爱情烦恼。有爱情就好好珍惜，爱情鸟飞走了也别着急。咱不至于变成“除了钱谁都不相信”的极端分子，但是看着存折上的存款数目不断攀升，那种成就感也足够填补内心的空虚哇！别再对着他的照片骂贱人了，也不用再拐弯抹角去看他 QQ 空间、假装打错电话去听他声音了。他只会想到：我该怎么样去取悦我的新女友，今晚应该跟新女友去星巴克喝咖啡呢还是去看电影。人家早就“另谋出路”了，你还在一棵树上上吊，那不是有病嘛！天涯何处无芳草，何必单恋一枝花？当命运中的一扇窗子关上了，却会有一扇门在你面前打开，照进来的阳光更温暖，更明亮。

10. 男人吓跑，纯属活该

女友澜经历了第15次相亲之后，下定决心保持单身。她说，她有房子，有车，有收入，有才，有貌，只是没男人。她不再求全了，其他女人找男人不就为了这些么？

她能想得开，我们作为朋友很高兴。但同时又有点儿替澜鸣不平，为什么女强人就让男人那么受不了？

“女人太强了，男人就不敢要。”不知道从什么时候开始，这个观点像“幽灵”一样在社会中蔓延开来，我找了一大圈也没找到出处。意思相近的说法就是，女人总希望找个比自己强的男人做老公，男人总希望找个比自己弱的女人做老婆。不管怎么说吧，好像女人总摆脱不了“职场得意，情场失意”的苦恼。

说白了就是大男子主义作祟嘛，容不得女人比自己强，怕出去在朋友、家人面前没面子，更怕自己的“超人”老婆在自己面前颐指气使给自己气受。我暗自诅咒，这种小肚量脑子不灵光的男人活该一辈子讨不到老婆。女高男低怎么了，女人再强，回到家里也是女人啊。

2008年，有一本非常好看的漫画书《小猪虾米夫妻日记》出版。这个漫画曾经在网络上连载了很长时间，点击量那是相当高。其作者是一位能写会画的80后的重庆小美女“小猪”，丈夫“虾米”则是不通文墨不会画画的计算机专业人士。小猪的书里曾经写到这样一节，某天，小猪突发奇想，问老公：“如果某天我成了畅销书作家，你会不会自卑?”她原本以为老公要说“会”，不料，老公气定神闲地说：“好啊好啊，你能大把挣钱了，土猪变成金猪，我高兴还来不及呢，抓住你不撒手哇!”

“小猪”的老公是多么明智啊。没错，传统眼光里，男人就是应该养家，但是既然自己的女友、老婆有才能，为什么不给心爱的人一个展现的机会呢？如果这个男人真心爱这个女人，就不该因为她很“强”就心存畏惧，更不该以此为由离开。相反，他应该保持男人的自信——不管你挣多少钱，家用仍旧由他付。

大嘴美女姚晨自从《武林外传》成名之后，就成为娱乐圈炙手可热的一线女星，片约不断，人气飙升。相比较而言，她的老公“老凌”也是圈中人，就沉默多了。很多人问姚晨，“老凌”会不会有心理落差?姚晨说，老凌的心理素质非常好，姚晨成名与否没有给他造成任何压力。两个人还联手出演了电视剧，默契非常，让人羡慕。

与姚晨享受同样幸福的还有美女主持人、企业家杨澜，她跟丈夫吴征虽然是第二次婚姻，却成为大家最为看好的一对。吴征虽然掌管大企业，身价不菲，知名度却远远没有太太高。有人问他，太太那么有名他会不会有压力。吴征的回答巨帅、巨男人：“杨澜再有名，也是我吴征的老婆!”

看吧，真正强悍的男人是不需要女人的柔弱去凸显的。相反，他们有一个聪明的脑袋壳，更喜欢与另外一个聪明的脑袋壳相处，两个人能够有所交流，能够有共同的话题，能够站在同样的高度想问题，能够齐心协力把工作干得风生水起。细数数，李彦宏，潘石屹，刘永好……这些当今商界赫赫有名的男人们，背后的女人都强悍着呢。而且，他们当初选择妻子的时候，也都处于事业起步阶段，甚至是人生低谷期（刘永好辞掉公职做小生意，引来无数流言飞语），但是，在强悍的妻子支持下，他们终于峰回路转，走向事业的顶峰。

所以，那些跟“女强人”分手的男人们，我觉得他们是活该，丢开一个大宝贝儿，失去了让自己跟优秀女人近距离接触的机会。我喜欢《诺丁山》那样的爱情，不管身份的天平上两个人多么不平等，不管老观念在脑海中多么的根深蒂固，当爱情这道闪电把你们击中，你们就是普普通通再寻常不过的两个傻孩子，因为爱而痴狂，因为爱而胶着，彼此依赖，彼此信任，就此成为一家人。

11. 你是他流浪过的一个地方

18岁那年，她接到平生第一封行书，是他写的。他32岁。那是一首长诗，最醒目的一句是："你是我流浪过的一个地方。"她小鹿撞怀，情窦初开，被这样一个浪子占据了全部的心灵世界。浪子在，她就拥有绿洲；浪子不在，她的世界满眼沙漠。

一转眼，十年过去。她28岁。他已42岁。她的同学一个个成为新娘、妈妈，各种婚纱的款式在她眼前晃来晃去，没有一件属于她。他依旧写诗，给她。她却不再惊喜，只问他，我们什么时候结婚？他说，他不想结。她哭过，歇斯底里过，分手过，最终又心软，心甘情愿再当回那个"流浪过的一个地方"。她向女友一遍遍哭诉，以至于女友恶语相伤：不同情你，你傻！

这女人真的是很傻。一个女人有几个十年可以这样消磨？一个理智的男人在面对结婚这件事上面都是很清醒的，他要么选择不结，要么会痛快地答应你。拖拖拉拉的骑墙姿态说明他不想结。如果你到了适婚年龄又非常想结婚，而他又不想结，那就是说明你们机缘不对。人力抗拒不了天力，没缘分，一切都是妄谈。为什么要浪费你宝贵的时间去做一件根本没有结果的事情呢？你应该尽快去寻找那些可能跟你有结果的人。

有些姐妹说："我只想跟他结婚，而他又不想结，怎么办？"我只能说你是傻瓜，为虚幻的爱情蒙蔽了双眼的傻瓜。难道你有自虐倾向？难道你就喜欢被他牵引着“提心吊胆”地过日子？难道你看着别人一家三口其乐融融在公园里玩耍的时候不羡慕？听我的吧，如果他也同样爱你，他会慷慨地给你一切。如果他不愿意把自由交给你，那就说明一个问题：他不想跟你结婚。

就这么简单。

还有些人说：“我不敢逼婚，怕他会离开我。”这又错了。你越害怕失去她，你就越会失去他。因为他逐渐摸到了你的“脉门”，知道你是非常黏他依赖他的，你不敢像“娜拉出走”一样离他而去。事实上也真的是这样，有很多女孩跟男友同居了很久，两人的关系始终裹足不前，拿不到民政局的“大红本”，就是因为女孩勇气不够，不越近一步。别害怕失去他。如果一个男人真的爱你，他哪儿都不会去。勇敢说出你穿婚纱的愿望吧。

有人说，爱是一种瘾。瘾包含很多种，不只是毒瘾，还有对尼古丁的瘾，对酒精的瘾。爱情也是一种瘾。相同之处是都对刺激的渴求——在对一种刺激习惯适应之后，大脑就会产生相应的激素，如果你不接收这种刺激，就会出现浑身异常，不适，心情不平静，甚至更强烈的反应，让你去继续寻找这种独特的刺激。从而得到满足。

女人爱男人，最易成瘾。男人爱女人，一旦得手，瘾头就小多了。女人则不同，女人的瘾更长久。她被某个男人吸引，跟他约会，跟他恋爱，然后期待嫁给他，给他生孩子，甚至生几个孩子。女人把自己大部分精力都献给了这份“瘾”，深陷之后就不能自拔。那些渴望婚姻又得不到的女人，很像是毒瘾发作而又拿不到毒品的瘾君子，抛弃所有自尊和体面，任由自己癫狂和崩溃。如果你爱一个人成瘾，是很难戒的，医学上说要完全隔离至少 2—3 年或者更久脑中激素才能消失。所以，当你爱上一个不能给你所需要的男人的时候，就如同吸毒，明知道继续下去会死，但还是很难控制。

想想吸毒的下场，你明智地选择吧。

你不过是他流浪过的一个地方，何必要兀自守候，傻等浪子再回头？有句话说得好，“在如何选择的问题上，交男友和买衣服其实也可以很相似，除了运气之外，还需要眼光和经验——见得多了，才知道哪款适合你”。与其把大把时间用来反复地试穿同一件衣服，不如放开脚步逛遍整座商场。不适合你的衣服，穿在身上怎么照镜子都不好看，即便你再白一些、再瘦十斤，还是不好看。而到了另外一个黑胖子身上，说不定就服帖舒坦。你就认了吧！所以，男人也一样，不要害怕失去他，是你的就是你的，他永远不离你左右；不是你的就放手让他走吧，别耽误了以后的幸福。

第二章

媳妇的美好时代

在《红楼梦》里，薛宝钗有很多世人传颂的言论，比如那句最著名的“好风凭借力，送我上青云”。然而，最打动人的，还是第一一八回她对宝玉说的一句话：“你我既为夫妇，你便是我终身的倚靠，却不在情欲之私。”一个女人可以把自己的“终身”托付给一个男人，全心全意地依赖他、信任他，这在情感多变的今天看来是何等的勇敢。既然结为夫妻，交换了戒指，无名指上闪烁着我们的誓言，就应该执子之手，与子偕老。不管面对多少困难和麻烦，不管要出现多少矛盾和误解，我们都该相依相伴走下去。一个家，靠男人支撑起来，却是靠女人的柔情维系下去。

1. 有话好好说

“醉过方知醒时好，婚后才知道单身妙。”这是闺蜜S女在婚后一次“内阁”会议上掏心窝子的一句感叹，引得一帮已婚人士唏嘘不已。

结婚之前，女人总是对婚姻很向往，老公对自己百般呵护啊，老公的工资全部上缴啊，老公百依百顺像超人一样无所不能……结婚之后忽然发现，那人像被孙悟空的金箍棒打了一样，从婚前的“人形”幻化为“妖怪”，种种丑恶嘴脸逐一暴露出来：臭袜子满屋扔，不爱洗澡，剪指甲弄得到处都是，衣来伸手饭来张口，年纪一把也要听妈妈的话，工资卡不上缴，还私藏小金库，不再送鲜花买礼物，甚至反对老婆买鞋买包……以前那个约会从不迟到、迟到必打报告、鲜花礼物不离手的窈窕绅士忽然就变成了邋遢小市民一个，俗不可耐呀！

瞧着不顺眼，心里就有气；心里有气，嘴上就有抱怨；抱怨多了老公就要反抗；反抗就得拌嘴。得，要开战了。大战三六九，小战天天有，直闹得大叫一声“真后悔跟你结婚”万事大吉。

我们能不能不吵架？我们能不能心平气和地过日子？有话好好说，同名的电影看了好几遍，轮到自己头上，想这么做还真难。

我是地地道道北方人，北方人都大嗓门、豪气、火爆脾气，小时候家里的大人吵架就像家常便饭一样，时不时来个拳脚相加也难免。当时我听人说，南方人都彬彬有礼、相敬如宾，于是就对南方的生活有一种宗教似的向往。后来，上学、旅游，南方的城市没少走，南方人没少接触，发现南方人跟传说中的也不太一样。他们同样会吵架，同样受不住生活中琐碎小事的煎熬，为芝麻绿豆一地鸡毛拌嘴也是生活常态。按说那《红楼梦》的故事就在江南一带，最正宗的“杏花春雨江南”，如此诗画般的土地滋养出来的人照样有“悍妇”、“娼妇”、“小蹄子”，骂人吵架丝毫不逊色。看来，“有话好好说”还真是近乎奢侈的境界。

虽不能至，心向往之。我还是希望人们能够做到有话好好说，特别是女人。

男人对女人的感情很矛盾，他若是很爱一个女人，便喜欢听她说话，愿意跟她说话。可是，这个女人一旦变成了“话痨”，他就很快厌倦。若是这个女人不但“话痨”，还喜欢跟他掰扯道理、争辩是非、争论对错、红嘴白牙地说很多唧唧呱呱的伶俐言语，那完了，他肯定会用白眼珠瞪她两下。女人应该懂得男人这种心理，调整自己说话的方式。不是不让你跟男人说话，而是一定要懂得“好好说”。

你想想看，在大观园里，林黛玉和薛宝钗口才都极好，但是好的方式不一样。林黛玉是有才华，语不惊人死不休，不是打趣别人就是用典故揶揄别人，宝钗在给惜春列绘画所用物品时，说道“生姜二两，酱半斤”，林黛玉故意填上“铁锅一口，锅铲一个”，还说：“你要生姜和酱这些作料，替你要铁锅来好炒颜色吃。”这还不算，这位打翻醋坛子的小姐还故意拉探春悄悄道：“你瞧瞧画个画儿又要这些水缸、箱子来了，想必她糊涂了，把她嫁妆单子也写上了。”把别人作为调侃的对象，她是锋芒毕露了，搞得别人很窘迫。

在这一点上，薛宝钗就很懂得为别人着想。论才华，宝钗并不输给黛玉，若是她想用个什么典故编排些什么人，想必也是信手拈来，但是她从来没这么做过。前面提到的一幕，宝钗成为黛玉打趣的对象，她也不过就说了句“狗嘴吐不出象牙”来，然后追着林黛玉闹了一下，然后说："怪不得老太太疼你，众人爱你伶俐，今儿也怪疼你了！"说完还不忘记帮黛玉把头发拢一拢。你能想象两个人换个个儿会出现什么场景？若是薛宝钗打趣林黛玉一下，林黛玉必定气鼓鼓泪汪汪，当即掉眼泪扭头走人也说不定！

小女孩嘴快、爱开玩笑、爱打趣别人，这不是什么大过错，但是要有度。特别是年纪大了，成家了，要整天面对老公、同事、上下级，更要管住自己这张嘴，不信口开河，更不随意拿身边的人开玩笑。牙尖嘴利谈笑风生在非常要好的闺蜜之间还能吃得开，要是在自己的男友、老公面前这样表现，时间长了他所谓的"大男子主义"自尊就会受到挑衅：这个女人嘴怎么这么厉害？真的，全世界也没有哪个男人喜欢跟"麻辣鞭炮花"一起生活，比起火辣多刺的"红玫瑰"，他们更愿意跟娴静宽厚的"白玫瑰"过日子。辩论会、谈判桌、会议室，这些都是展示我们口才、唇枪舌剑建奇功的好场所，但家不是，家里需要笑声，需要细语，需要亲切温柔的呢喃和情话，纵使偶尔有磕磕碰碰动点小肝火，让男人扮演横眉立目的角色去吧，我们别跟他计较，别用狠话伤他，很快就能风平浪静海阔天空了。

2. 你是我终身的倚靠

在《红楼梦》里，薛宝钗有很多世人传颂的言论，比如那句最著名的“好风凭借力，送我上青云”。然而，最打动我的，给我留下最深印象的，却是很不起眼的一句，它出现在第一一八回，宝钗对宝玉说：“你我既为夫妇，你便是我终身的倚靠，却不在情欲之私。”

一个女人可以把自己的“终身”托付给一个男人，全心全意地依赖他、信任他，这在情感多变的今天看来是何等的勇敢。说句实在话，我没有这样的勇气，闺蜜们在交流“心得”的时候说的最多的是“后路”、“备胎”、“留一手”这样的“混账话”。言外之意：男人是靠不住的。然而，宝钗却能当面对宝玉说：我们结婚了，我一辈子就靠你了，这不单单是小儿女卿卿我我的一己之私。

谁是小儿女卿卿我我的一己之私？林黛玉。林妹妹模样好，才情好，喜欢宝玉，宝玉也喜欢她，但是她对宝玉的占有欲太过强烈，毫不客气地说，她是纯粹在为自己的“出路”做打算。一个没爹没娘的孩子，除了嫁个好人家，跟疼爱自己的人结婚，哪有第二条路可走？她没想过持家，没想过生养后代，没想过相夫教子，她只想着占有你宝玉。不许他跟其他的妹妹说话，见不得他对姐姐露笑脸。这就是“情欲之私”。

黛玉对宝玉倚靠，却不信任。宝钗对宝玉有所信任，进而倚靠。若你是宝玉，你会选谁做媳妇?

男女相处，信任最容易出现危机。没了信任感，说什么都没用。很多“彪悍”的女强人最终跟男友、老公分手，很大原因就是因为对其缺乏信任，缺乏信心，不能把他当成自己终身的倚靠。既然不能倚靠，分手也就变得容易。

朋友小齐离婚的时候，我们在惊讶之余，又觉得在情理之中。小齐现任外企高管，传说中的“空中飞人”，家在北京，一个月少说有二十天要在外地出差开会。夫妻两个聚少离多，老公颇有微词，但是反对无效。老公常对小齐说，别那么拼命了，换个部门，做个闲差，我养家没问题的。但是小齐永远说，我不能靠你，我得靠我自己。老公说，我就那么不能让你依靠吗。小齐答，我自己动手就好，不习惯依靠别人。

这么AA制地生活了两年，一场以“宜家家居”为导火索的大战终于爆发了。小齐是个宜家迷，虽然自己长期在外地出差，但是每次看到宜家的新品介绍，总忍不住把好东西买到家里来。某次，她买了套新式组装家具，想趁着难得的假期在家把它组装好。她叫老公跟她一起动手，老公嘴里答应着，却纹丝不动，赖在沙发上看电视。小齐气不过，大叫着:“组装家具你都帮不上忙，你说我还能指望你什么?”这下可不得了，小齐老公的脾气也立刻发作:“你那么能干，组装家具还用得到我吗?”

既然自己无所不能，何必还赖在这个婚姻围城里呢?一气之下，小齐和老公离婚了。不为别的，就因为她不依赖她老公。她跟我们说，她太独立了，反成了缺点。我说，小齐，你独立不是缺点，但是独立和依赖是可以并存的。

我们女人经济上独立不过是近一百年的事情，我们可以大把赚钞票，这使得很多姐妹觉得自己在感情上有了更多的自主性。她们不愿意再倚靠男人生活，很多事情都可以花钱摆平，还要个男人做什么?听说现在还专门有一种床上用的抱枕，做成男人臂弯的形状，人半躺半靠在上面，非常舒服。女人是舒服了，男人却不舒服了。

被需要，被信赖，这是男人最大的骄傲。郭冬临曾经演过一个小品，名字叫《有事儿您说话》，讲的是一个很平凡很普通的小职员，为了显示自己的“强悍”面，到处许诺，吹嘘自己的本事。他大半夜去给别人排队买卧铺票受尽了罪，但是还要在人前装出一副笑脸，证明自己“很强”。这就是典型的男人性格：喜欢被需要。在自己心仪的女人面前，男人这个特征更为明显。如果女人需要他，他会很高兴，这说明自己“强”，能给女人安全感。在男人看来，“被需要”是一种至高的褒扬，一个男人如果时时感到受人需要，会产生一种崇高的豪迈感，所以武侠小说里，男人喜欢与风尘女子交往，他们在“拯救”弱者的过程中体验充当英雄的快感。如果女人在紧要关头不向他寻求帮助而是闷着头自己解决，或者转向其他人求助，这个男人的自尊就会受到伤害，他跟这个女人的感情就会渐行渐远。

比较好的解决方法是：需要他。不管我们经济多么独立，还是要去花男人的钱，让男人帮我们做事。男友、老公就得充当免费劳动力、自动取款机。如果他爱你，他会屁颠屁颠高高兴兴去做。要知道，那些看起来活得很滋润、很自在的女人，并不仅仅是靠美貌留住丈夫心的，也不是勤快，而是“按规律办事”的大智慧。有很多女人既不漂亮也不勤快，却能让男人不离自己的裙边左右——不管是围裙还是长裙——靠的就是这一招。

回到小齐那个例子里面。聪明的女人会怎么做？会撒娇，会把难题推给老公，说：“老公，这个我不会，你快来帮帮我吧，动手的东西还是你们男人最擅长了！”只需要这么简简单单一句，男人心里的小宇宙就会立刻爆发！他可能表现得漫不经心，他会慢悠悠地离开沙发向你走过来，他脸上可能带着点儿骄傲的神采，还有点儿凯旋英雄般的喜悦，然后瞥一眼图纸，轻描淡写地说："瞧我的！"这时候，你就可以到一边吃雪糕看电视啦！过不了多久，你就可以看见崭新的宜家家具成功组装到位，说不定他玩高兴了还顺带帮你把工作现场给收拾一下。

这就是男人，喜欢被需要。只要你表现得"无能"和"弱智"，让他的聪明才智和积极性充分发挥出来，他就会自信心爆棚，暗自得意："这都是老婆做不来的，我不做谁做？"让他得意去吧，你只需要窃喜！

3. 私藏利器：示弱

女友三更半夜打电话给我哭诉，说男友放弃了他们三年的感情，转身投入一个“一无是处胸大无脑”的狐狸精的怀抱。我说，谁说人家一无是处啊，人家能把你男友勾引走就是本领！她气的要变成贞子诅咒我！

我这女友哪里都好，可就因为“太好”，越发凶悍，势头强劲，闺蜜之间开玩笑她都要针锋相对占个尖儿，要让她在男友面前示弱服软装一只小乖猫，那比杀了她还难受。最终，男友只好跟她拜拜，另找了一只会示弱会服软的小乖猫。

中国男人往往喜欢单纯温柔、小鸟依人、年纪比自己小的女人，李后主早就写绝了：“画堂南畔见，一向偎人颤。奴为出来难，教郎恣意怜。”那种无助的娇羞，楚楚可人，可以大大满足中国男人霸道的大男子主义情怀。根据男人的这个特点，女人们就可以总结出很重要的一条把老公留在自己身边的技巧：示弱。

每个女人都希望自己被男人当成宝贝宠着，只是女人逐渐被生活磨钝了心智，原有的温柔敏感变得粗糙了，加上自己的经济自己做主，使女人们越发失去了原有的依赖心理。这时女人开始变得越来越不可爱，甚至连男人宠她哄她都被骂做“没正形”。这样的女人没有男人喜欢。想被男人宠着呵护着，不需要多漂亮，只要会“示弱”，他就乖乖向你投降。晃晃脑袋说“我不会”，他不会说你笨，只会笑着耐心地帮你处理问题；摊着手说你“干不了”，他也觉得这是理所当然的，他会在心里燃烧着大男子主义的激情为你摆平一切。你握着一双小粉拳在男人胸口上轻打着说：我恨你。男人们不光不会生气，还会眉开眼笑的把你搂在怀里哄着说：好了、好了，别生气了，都是我不好。

示弱，是女人特有的权利。这与尊严无关，姐妹们大可把争强好胜的心留在职场，而把一个敏感多情的较弱女儿心留给自己深爱的男人。在男人眼里，示弱时的女人总是特别有女人味，举手投足之间，总会让男人为之心动。

现代社会越来越多独立的女性，甚至有很多女人巾帼不让须眉，但是再强的女人，内心都有一颗柔软的心，也需要爱情的滋润，爱情可以说是女人的一个软肋，也可说是女人一生之中所追求的。可是大多数男人不愿意娶一个女强人，因为他们认为女强人习惯了用坚强的一面来对人，她们不懂得温柔为何物，这其实是男人对自己不自信的一种想法，一个成功的女人不是把自己变成如男人一样，而是以女人的身份做男人的事，可以既柔且刚。

所以，姐妹们，即便你们想“操纵”男人、控制男人，也不要摆出一副强悍的样子，而是要学会示弱，学会撒娇。战争和硝烟是男人们的专利，女人要用特有的方法来擒获他们。

有些女人确实很强，可以搬动电视机，可以自己给电脑重装系统，可以自己把宜家的家具拆了装装了又拆。但是这些原本就是男人的活儿，你做了太多，他就会觉得你“抢”了他的风头，他在你面前不能“逞强”，于是对你敬而远之。所以，男人不能“惯着”，就得对他提要求，你原本能搬动的东西，就不要搬，让他搬；如果你跟男人一起出门，让他们帮你开车门。如果他不开，你就站在那儿不动，直到他意识到这一点为止。就算你很有钱，可以为晚餐埋单，但是别掏出来，让男人掏。真的，很多男人，如果有人给他们提要求，他们会变成更好的男人的。

有些美女很勤劳，不管结婚没结婚，都像保姆一样家里家外一把手，所有的家务劳动都一手操办，让男人无形当中就形成了一种懒惰的习惯。一旦这种习惯形成，再想让他做事情必定招来他的反感。他会说："你明明可以做好，为什么让我做，你是不是无理取闹，还是想支配我?"这个时候，再要强、再能干的女人都会觉得无辜到极点。

还有一些强势的女人，在职场里"掌权"习惯了，回家之后发现老公做家务不积极，就会对他加以责骂甚至发怒，长此以往必定导致两个人关系的破裂。

最有效的办法，还是"示弱"。你要让他知道，不管你有多少存款，有多高的职位，在家里他永远是 No. 1，你永远有些地方不如他，需要他的帮助和指导。孟子说："人之患在于好为人师。"意思是说，人都是喜欢当老师指点别人的，爱摆老资格，不谦虚。其实这臭毛病在男人身上最明显了。他心里那个"他"无比高大，巴不得所有的人都臣服于他的脚下。女人如果够聪明，就应该投其所好，满足他的这点小小虚荣。

"大女人"们又该不乐意了：凭什么满足他的小虚荣？我还虚荣呢，我就是不愿意在他面前低头！你错了。你苦恼什么，郁闷什么，不就是男人喜欢"一无是处的狐狸精"么？如果能够把他留在你身边，无视狐狸精的存在，你自己做点改变有什么不好？嘴上抹点蜜糖、口头给他一点小温存又算得了什么？男人都是思维大条的呆瓜，你略施小计，他们就乖乖中招了。

4. 猫女慵懒惹人爱

有一个时期，周末我雷打不动地窝在家里看《喜羊羊与灰太狼》，只为里面一个小配角：懒羊羊。有人爱喜羊羊的聪明机敏，有人爱美羊羊的美丽可爱，有人爱灰太狼那个任劳任怨打得骂得的模范老公，但是我最喜欢那个超级废物只知道吃东西睡觉为了食物无数次掉进陷阱的懒羊羊，因为它活得实在太逍遥了。可惜它是个脏脏臭臭的“胖小子”，要是个女孩子，收拾得干净些，真应该成为女人的典范。

有很多人已经写过：做女人要适当懒一点。在认可这一点的基础上，我觉得前面还应该增加一个“慵”字。慵，常常跟困、惰、倦这种字眼连用，有点儿像猫，大部分时间是安静的，温顺的，好相处的。慵，是史湘云醉卧芍药茵的“落花满身，香梦沉醉，犹说酒令”；是薛宝钗病啖冷香丸的“翠凤毛翎扎帚叉，闲为仙人扫落花”。慵懒的女人，让时间慢下来，让美好的景象停下来，让人忘却诸多繁杂琐碎的尘嚣之事，隐遁到宁静美好的仙境之中。

说女人有如此猫性的绝对不只我一个，但是能够做到这一点的女人着实不多。因为女人从小到大、从古到今都被一种叫做“勤快”的魔咒束缚着。“勤”是衡量一个贤惠妻子的重要标准，但贤惠并不意味着就能生活幸福。很多勤快的女人兢兢业业操持家务，不断付出，却得不到丈夫的宠爱、孩子的亲近，最多落一个“勤”的口碑。反倒是那种慵懒娇弱动不动就靠着老公撒娇的人更受宠。英国著名心理学家爱理斯曾经说：“由于忙于亲自操持家务，这样的女人变得让丈夫厌恶，让孩子憎恶……为家庭所累，反而失去了一家之爱。要是她不问家务，而保持着欢乐和温情，他们或许倒会爱着她。这是她不得不承受的不公正损害。”

造成这种“拧巴”局面的根源是什么？因为勤快的女人是被动地勤快着，她们强迫自己变成那种勤快的人，心中却充满了不满和怨恨，一旦与丈夫闹了矛盾，积压在心里的所有怨恨都一股脑地迸发出来。她会忽然“醒悟”，自己付出太不值了。倘若这个家里女主人的工资比男主人还高，她盛气凌人的架势就更高一筹。

男人怎么想呢？男人觉得，自己对家庭的责任主要是“养家”。在他们看来，在外面打拼挣钱是最重要的，其他的家庭琐事都是次要的，是可做可不做的。他们只要求回到家里有冰镇啤酒喝和电视看，就行了。“勤快”女人忽略了男人这种感受，不但自己像个忙碌的机器人下了班还要围着灶台转，还不让男人享受一会儿慵懒惬意的时光，他不跟你急才怪！所以，女人不需要在家扮演无所不能的女超人，脏活累活不一定非得一口气干完，你把自己累得花容失色，非但得不到臭男人的一句赞美，他还会嫌弃你这个黄脸婆！

要记住，在男人眼里，并不是所有勤快的女人都可爱，因为有时她们的勤并不能补拙，而其还喜欢给男人脸色看。如果碰上有洁癖的妻子，男人的生活更是要处处小心，处处受她的数落和教育。这正是男人最受不了的。所以，现实的婚姻生活中，妻子的勤快和丈夫的慵懒是互为消长的，而且越勤快的妻子最终变成怨妇的可能性越大。

说到这里，又有姐妹提出异议了：“不洗碗用什么吃饭，衣服不洗穿什么，他臭袜子满屋子乱扔、烟灰到处乱弹我受不了，让他煮碗面条他都要摔碎一个碗，这日子怎么过！”

这个我当然理解，鸡毛蒜皮的家务小事对两个人的影响太大了。中国人传统的思想就是“男主外，女主内”，家里洗衣、做饭、清洁房屋的差事就是女人的，男人只要负责在外面挣钱就行了。可是你要想想，现在时代变了呀，女人也走出家门跟男人一样工作，开始挣钱。夫妻在家庭中的分工问题发生了变化，你已经是职业女性了，为什么一定还要对家务活大包大揽呢？桌子上有灰尘，衣服碗碟没有洗，地没有拖，这不是你的责任，你完全可以把它们交给钟点工、小保姆，而不是自己去充当这个角色。

套用一个流行的说法：思维决定命运。女人想过得舒服体面，就得让自己的思维主动向那些已经过得舒服体面的女人靠拢，看看她们是怎样掌控生活、培养丈夫的。我们管掌管家庭大事的女人叫“管家婆”，这个家要怎么管呢？要用脑力，而不是体力。你要动脑筋想一想，自己吃苦受累换得老公的白眼好，还是懒懒散散赢得老公的宠爱好。我想任何一个思维正常的人都愿意选择后者。

所以，慵懒一点吧，你说你不会，可以让老公来做；你说你不懂，可以让老公来做；你说你实在太累了，可以让老公来做。相信我，男人是很好“培养”的，你稍微诱导他一下，他就老老实实地上路。家里的修理工、电工、管道疏通工、洗车工、垃圾倾倒工都让他来扮演，重活累活都交给他，然后你冲他飞一个媚眼，献一个香吻，嗲嗲地来一句“老公你好棒，老公辛苦了”，最好晚上再换上性感的黑色内衣来一次“物质奖励”，嗯，男人就彻底拜倒在你脚下了！

这就是慵懒的力量。这样的女人让男人倍儿有面子。她可以在职场里逞强，但是回到家里，就是一个猫一样的可人儿。慵懒不是懒惰，而是一种心态，一种智慧，它是一种可以让男人品尝后主动驯服的软酒，口感气色俱佳。慵懒不是扭曲，只因随意，它让男人舒服，更舒服了女人。慵懒的女人自己享受生活，也给周围的人以松弛感。“勤快”这个魔咒几乎把女人们变成了“强迫症”，只要不做家务就有负罪感。还是为自己解开这个紧箍咒吧，把洗臭袜子的时间用来挑选性感内衣，把刷马桶的时间用来做美白面膜，把跟老公吵架拌嘴的智慧用来研究美食菜谱，老公一定爱你爱到骨头里。

5. 最难熬的是“平淡”

影星凯特·温斯莱特出演《泰坦尼克号》之后成为炙手可热的明星，却一直与奥斯卡、金球奖无缘，她曾经六次被提名，却屡战屡败。终于，她凭借《革命之路》这部电影把金球奖最佳女主角的奖杯揽入怀中，这个原因促使我一定要看看这部片子。

故事的男女主角是一对中产阶级夫妇，他们在城市近郊租住漂亮的别墅，养育一对聪明漂亮的儿女，妻子在家做全职太太，丈夫到城里的一家大公司做朝九晚五的销售工作。这在常人眼中是非常幸福的一家，但是他们觉得自己的生活是在一个机械、呆板、空虚的循环里单调地重复。他们很想改变，却不知道如何改变。

终于，妻子想到了一个办法：离开这里，移居巴黎。她知道丈夫早年去过巴黎，一直留恋那里的朝气蓬勃、欣欣向荣，丈夫也曾许诺她，有朝一日要带上她去那里过红红火火的生活。当时的美国，正经历着第二次世界大战之后的经济复苏与冷战的渐起，与欧洲的渐渐亲密，也使得很多美国人萌发了到欧洲淘金的热潮。在妻子的动员下，丈夫决定辞职，丢开单调无趣的工作，去巴黎开始新的生活，追求属于个人的成功。

然而，就在他们即将动身离开的前夕，妻子发现自己怀孕了。她想打掉孩子，按照原计划居家迁居巴黎，但是丈夫坚决反对，他认为女人应该把生育孩子养育孩子放在第一位，既然已经怀孕了，就应该放弃去巴黎的念头，老老实实在这里住下去。偏巧在这个时候，丈夫所在的公司老总发现了他在管理方面的一些天赋，要破格提拔他到高层参加公司的管理。一边是自己早已厌倦却报酬可观的现有工作，一边是自己早已向往并且已经预定了船票的彩色巴黎，丈夫激烈地动摇着。最终，丈夫放弃了巴黎，选择留下。他向往“激情”，向往“新生活”，但是这个目标不被任何人看好，甚至遭到朋友们的讥讽和嘲笑。他向所谓的“现实”妥协了。妻子以一种强烈残酷的手法表达了对他的不满，她自行堕胎未果，失血过多，死在了医院的病床上。

电影的两位主演是雷奥纳多·迪卡不里奥和凯特·温斯莱特，两个人继《泰坦尼克号》之后再度携手，出演这对纠结在革命之路上的夫妇。可以把它看成是“杰克”和“露丝”的故事续写，可惜王子和公主没有安安稳稳的过着后续的幸福生活。稳定带来的不是爱情的升华，而是激情的熄灭。“露丝”当年爱“杰克”，爱他的年轻他的活力他的不安分他的不妥协，但是养家糊口的重任让那个“杰克”永远沉到海底了。她想挽救他。她鼓励他向前迈出一步，可是他终究退回去了。

他是爱她的，为了爱她，他选择放弃自己想要的自由，留下来。

她是爱他的，为了爱他，她要他别留下来，走出去。

他们都希望对方好，本着向对方负责的态度，却因爱生恨，闹到决裂的程度。

逝者如斯，活着的还要继续活下去。那位丈夫带着孩子离开了郊外别墅，住进了城里。他继续工作，养育孩子，只是当孩子们嬉笑玩耍时，他会呆呆地遥想梦中的巴黎和逝去的妻子。而他们曾经居住的“革命路”，又有一对新的夫妇住了过去，他们看上去朝气蓬勃，对新生活充满了向往，房东太太也絮絮叨叨的说着他们的“与众不同”，谁知道几年之后，他们的激情还在不在，他们憧憬的幸福究竟来不来？

有人看完这个电影说：想改变，就要快些行动，否则追悔莫及。

有人看完这个电影说：你别无选择，逃不出这个模式，否则只有死路一条。

我倾向于后者。

多少人跟着姜育恒唱："平平淡淡从从容容才是真。"但是更多的人，经受不住平淡生活的煎熬，选择折腾。女主人公开始就是这样，人到中年，不温不火的爱情，不温不火的生活，这种生存状态就好像是泥鳅钻豆腐，一直过着相对安逸的生活，无激情与意义所言，只是苟且的一天天生活着，以为这就是生活本来应该有的样子，最后麻木的面对一切，葬在自己设计的坟墓里。然而她走了出来，一张从旧盒子里翻出来的一张法国的照片，唤醒了她沉睡已久的来自心底的声音。可是，女主角终究是要死的，因为她用一己之力跟世俗抗争，跟现实抗争，显得太单薄了。她的生活之所以毁灭，并不是生活的单调，丈夫的出轨，自己的堕落，演艺事业的不成功，仅仅是因为她熬不过"平淡"二字。人们吟诵着、向往着"平淡"，殊不知，现在的一分一秒，手边的一举一动，正是"平淡"。

以前李泽厚说"告别革命"，很多人骂他。现在看看，他是有理的。

6. 男人是支柱，女人是灵魂

看电影《叶问》，感触最大的不是一代宗师的英雄气概，而是宗师的妻子对他的影响。由熊黛林扮演的张永成，彻底颠覆了我对这个“花瓶”的认识。由张永成喜欢上了熊黛林，熊黛林把张永成演了个入木三分。

张永成不高兴叶问跟人家比武，叶问就绑手绑脚。张永成派儿子说一句“爸爸，妈妈说再不出手，家里的东西都打烂啦!”叶问就立刻把前来挑衅的“金山找”打得狼狈不堪。后来，因为战争，家道中落，张永成再也穿不起绫罗绸缎，吃不上山珍海味，却是一次眉头都没皱过，哪怕米缸里只剩下零零星星几粒米，她照样对丈夫微笑。这对叶问来说，该是何等的安慰与鼓励。难怪他出去做苦力，自己饿着肚子也要省下半个烤红薯带回去给妻儿。

到了《叶问 2》里，张永成的坚韧和包容更发挥得淋漓尽致。她挺着大肚子去打水；没有钱交房租，就不出声假装不在家；叶问要跟老外比武，她一个人带着孩子去外面住，让他专心练武；她独自生下孩子，然后听着收音机转播比赛，为丈夫加油。这一幕一幕画面勾勒出一个吃苦耐劳的女人伟大的爱的力量。即使物质条件差到极点，只要家里有这样的一位女人，有她的目光，有无条件的信任，家就是个完整的家，更幸福的家。

有女人在，家就不会散。女人是磁石，把丈夫、孩子紧紧聚成一体；女人又是港湾，无论外面狂风暴雨还是电闪雷鸣，一家人只要回到她的怀抱，心就不慌乱。女人笑了，全家人都开心。没有张永成，可能就没有叶问。

张永成是大家闺秀，纵使家道中落，一贫如洗，也没有丢开贤良淑德的品质，没有让困苦的生活磨钝了心智，变成斤斤计较市井小女人。这让我情不自禁就想到了《红楼梦》里的薛宝钗，先前的宝姐姐，后来的宝二奶奶。新婚之后没多久，刚刚品尝到少奶奶的滋味，丈夫宝玉就看破红尘离家当了和尚，甚至音信全无，她的后半生将会怎样？由此，很多人说薛宝钗的“下场”很惨，守活寡，还不如死了。但是，当时的人并不这样认为。只要有名分在，宝钗就是那个家的女主人，那个家就是她的事业。守住这个家是那个年代的女人最崇高的事业，宝钗的苦何来？她早就感应出宝玉“不对”，但是，她有胆量面对这样的变故。宝玉玩失踪，全家上下都鸡飞狗跳，宝钗的痛心当然可以想见，但是她不慌乱，不外露，仍旧能稳稳当当照顾婆婆安慰其他人，这样的女人，是有内在、有力量的。

有时我想，宝玉的所谓“出家”，不过是他告别以往生活方式的一种隐喻罢了。宝玉的原型，不管是谁，终究是在父母妻子的劝说下，走上了他最不愿意走的那条经济仕途之路。因为他已经跟化做神仙的林妹妹告别了。他接下来要做的，就是和宝钗生一堆孩子，然后当官，养活一家子，跟其他的男人别无两样。他不能死，只能在小说里寻求一个解脱。他还是这个家里最重要的男主人，而贤良淑德如宝钗者，才是这个家最合适的女主人。

小说里如此，我们的生活也应如此吧。如果二十来岁时只顾着小儿女之间的你情我愿、你爱我我爱你，那还是太狭隘、太自私了些。女孩到女人最关键的转变之一，就是不再把自己当成个体的人来要求，而是从“家”的观念出发，学着做管理一家子的女主人，精神领袖一般牵引着大家，呵护着大家。如果说男人是一个家的支柱，女人则是这个家的灵魂。

7. 要花男人的钱，会花男人的钱

某女结婚，亲戚朋友最关心的莫过于他们婚后夫妻二人的“财产权”问题。传统的做法是老公把工资卡交给老婆，老婆从此变成“管家婆”。可是，AA制一来，好像把这种良好的革命传统彻底颠覆了，不知道从哪天开始，两口子各花各的，各管各的，柴米油盐酱醋茶要分工来买了。难道这就是我们争了半天女权争来的结果？嫁了老公还要人心隔肚皮地生活，岂不是太绝情了？

男人爱一个人的表现，就是把最珍贵的东西献给他。父母、妻子、孩子，都是如此。藏私的男人不值得你爱。很多女孩子高调地宣称“我不花男人的钱”，我想，也许是花不着吧。要么，就是她花过，然后那个男人要沾她便宜，她把这项“交易”看得太过于龌龊，就此断绝了这种交往。

哎，这话说起来可就长了。人生在世，饮食男女，不就那点儿事吗？男人讨好女人确实有目的，这没错。如果他的目的是“玩玩而已”，我们当然不能上他的当。可如果他讨好你、送你东西、为你埋单是想把你娶回家去让你成为他的家庭一员，这有什么错？你们彼此都是用一辈子的幸福来做这笔“交易”，所以，这毫不龌龊。

现在的女人不比黛玉、宝钗那会儿，大门不出二门不迈。我们走上各种工作岗位，自己能挣能花，这是好事，可以存款、买车、买房。什么衣服化妆品啦，数码产品奢侈品啦，只要自己愿意买，总能买到。但是，如果你在经济方面太过强硬地跟男人划清界限，最后你是无法跟他建立关系的。男人的DNA不允许这么做。还是那句话，男人喜欢女人把他当男人来看，喜欢女人“需要”他。男人必须有这种被需要的感觉，这样才能完成“男人”的使命。所以，如果约会时他愿意为你埋单就去吧，你又没强迫他去！

有些男人，坚定地说：“凭什么女人就得花男人的钱？”很多女人就是听到这样的话才宣布“不花男人钱”的，对此，我们只能淡定处之，因为跟小器的人一般见识，会把我们自己也变小器。这么说吧，咱不眼巴巴等着男人给咱掏钱，但是男人给咱钱花，咱也没有必要义正词严地拒绝。若是他给你买礼物，你在适当的时机买一份相当的礼物换回去就好。如果你对他有意，这样的礼尚往来恰好是你们沟通感情、增进了解的机会。若是你对他没什么好感，拒绝别人的礼物也太伤面子，那就在还礼的时候特别说明一下，下不为例。

“不花男人的钱”是句赌气的话，约会时是如此，结婚之后更是如此。我认识一位老奶奶，一辈子在村里生活，操持三代人的家事，不认识一个字，但是把家打理得井井有条。她们那辈人，不就是“花男人的钱”过来的么？男人赚钱，把钱交到她们的手上，她们一毛钱一块钱算计着花，供给一家老小的吃穿用度，算计一年四季各种花费开支。多少张嘴吃的就是她亲手做的饭，多少孩子的零花钱都从她的手里接过来，她能算得清清楚楚，毫不出错，这是多么伟大的智慧。

女人如何花男人的钱，是一门学问。“败家”是一种花法，“兴家”是一种花法。你能看到年轻的小两口月薪不菲，但是积蓄全无。也能看到一般收入的工薪阶层靠精打细算攒出一大笔存款。这跟女主人的理财方式有很大关系。想当年，钟镇涛大红大紫的时候，娶了“败金女”章小蕙。章小蕙以能花钱、敢花钱、乱花钱出名，硬是把家底殷实的钟镇涛花得破了产，俩人的婚姻当然也就宣告结束。也许，男人是看多了这样的惨败案例才对女人收紧了钱袋子吧。聪明的女人要能证明自己的财商，要让男人对自己放心，我们坦然接受男人的赠与，也智慧地把爱人这份信赖打理得井井有条，这才是淑女的做法，是旺夫女的思路。

8. 最难摆平他的“她”

他身边总有几个“她”，让你头大。随着你们关系的逐步加深，他身边的“她”一个一个跳到你眼前混淆视听破坏关系，你为这些“她”头痛不已。

第一个“她”：前女友。

记不清多少次听闺蜜抱怨：“都分手了她怎么还找他！”“这个不要脸的女人！”“阴魂不散啊她！”闺蜜抱怨的时候我可以放下听筒去厨房淘米洗菜，一应准备俱全之后回来听，那头儿肯定还在牢骚。这就是“她”的强大力量，可以把理性知性的职场女强人瞬间打成怨妇。

“谁没点儿过去呢！”这是劝解人用的最多的一句话。恐怕是说得太多了，有点失灵。没错，谁都有过去，但是过去毕竟过去了，常常过来扰乱一下现实非常讨厌。我跟闺蜜说，如果她有困难，来找他，说明他是个好人。闺蜜说，她没困难，她就是想破镜重圆。我说，他怎么想。闺蜜说，他没想法，他对我发誓跟她已经完了，但那女人缠着不放。我说，那你就应该相信你男人，跟他站在同一条战线上。

在“前任”的问题上，有各种版本的故事，但是总的来说，男人愿意吃回头草的几率并不高。理性的头脑告诉他们什么才是最重要的，所以男人一般不会放弃眼前的幸福而走回头路。遭遇这样的“她”，我们不应该怀疑自己的“他”，而应跟他站在一边，告诉他，你相信他，希望跟他在一起。在这样的非常时期，你要对他格外好，让他意识到你远远胜过她！如果你不这么做，而是福尔摩斯一样查他的聊天记录、电邮、短信，那么很可能把他推向她的怀抱。

第二个“她”：妹妹。

还好了，现在的男人多半是独生子女，很少有妹妹，女人也就少了“小姑”这个难缠的角色。但是，免不了有些不按理出牌“超生”出来的妹妹，或者计划生育没普及到的妹妹，或者表妹堂妹师妹等等，这些比你年轻、比你先到、比你更了解哥哥的妹妹们通常会节外生枝，希望在你们中间差一杠子，好像你的出现会抢走她哥哥。

面对这样的小姑子，最好的办法还是“怀柔”，嘴巴要抹蜜，夸她漂亮，不漂亮就夸她有气质，没气质就夸她能干，不能干就夸她懂事，实在不懂事的就给她买个小礼物讨讨欢心。别心疼这点儿小钱，可以买个耳根子清静。若是把小姑子打点好了，说不定能从她嘴里知道一些她哥哥的陈年往事，他的“前任”如何啦，他妈妈好不好相处啦，等等。不要在脑海事先把小姑子当成“假想敌”，那会导致你出师不利。要在一开始就争取她这个同盟，有她做“内应”，老公的家就会顺利接纳你。

第三个“她”：婆婆。

婆婆是个重量级角色，虽然现在中国流行小家庭，夫妻俩一般不跟公婆住，但是来往还是少不了的。男人被妈妈养活了二三十年，有了媳妇忘了娘的人是白眼狼，不能嫁；可男人过于依赖妈妈偏听偏信妈妈的话也不行。于是，婆婆和媳妇之间永远在像上演一出抢夺战，妈妈努力把儿子拉在自己身边，媳妇努力让老公“断奶”，男人“夹板气”、“双面胶”的噩梦就此开始了。

我女友曾经跟我抱怨一次可怕的经历。她老公常年出差在外，一个月有大半月时间都在外地。好不容易回来一次，两口子还没亲热呢，婆婆就立刻过来跟儿子一起住。住也就算了，晚上拉着儿子聊天到凌晨，白天一大早就把儿子拉起来陪她晨练。两口子“夫妻生活”都过不利落，总担心婆婆随时出现在自己的卧室门外，长此以往，都有心理阴影了！

婆婆之所以有这样的表现，一方面是思念儿子心切，另一方面就是担心儿子被别人抢走。这个时候，做媳妇的别提意见，有意见也先忍着；也别向老公发火说“你妈怎么这样……”其实，男人也知道自己老妈做得有点过分了，你应该尽量争取让他做你的同盟。争取他的最好方法不是吵架，而是示弱。要装作楚楚可怜状对老公说：“咱妈这样，我想跟你亲热都不敢……”要说“咱妈”而不是“你妈”，要说“我需要你”而不是“我讨厌你”。请相信你老公的智商，他知道老婆和老妈都重要。看到你这么委屈，他的心会先倒向“弱者”一边了，强悍的老妈让他去劝说吧，你只需换上漂亮的性感内衣在卧室窃喜啦！

9. 婆婆大人驾到

“闪开！婆婆大人驾到！”我看到某本杂志用这样的标题来阐述婆媳关系，觉得这肯定是个乖巧伶俐并且有切身体验的编辑想出来的。很妙！

你不承认“婆婆大人”这四个字？不想认她做“大人”？那只能说明你还不够聪明。没有意识到抬高婆婆对你自己会有怎样的好处。

婆婆是谁？是你老公的妈妈，是生了你老公养了你老公的人，是跟你老公一同生活了二十几年的人。甚至有人说，儿子是妈妈的“小情人”。这个女人跟你老公最亲近，她给他换过尿布，知道他喜欢吃甜还是吃咸，会做他最爱吃的菜，她了解他在学校里所有的调皮捣蛋和五好行为。她认识他的时间比任何人都长。他的血管里流着她的血。他做了好事，她给他甜美的笑容和充满诱惑的奖励；他做了坏事，她的巴掌重重举起轻轻落下，责罚之中还是饱含着爱与期盼。他出门，她会“慈母手中线”；他回家，她“洗手做羹汤”……这个女人的一举一动一言一行深入到你老公的灵魂里面，所以，你的老公会对她有不可割断的依恋。

女人都讨厌“奶嘴男”，可是事实告诉我们，绝大多数男人都存在着不同程度的“未断奶”现象，只不过有人掩藏得好，有人表现得直白罢了。男人承担着养家的责任，心理压力非常大，随着社会阅历的增强，越来越发现现实生活的残酷，当自己打拼累了的时候，情不自禁就怀念父母为自己搭建的小窝。特别是母亲那种无微不至的关怀，细心周到的呵护，宽容大度的风范。有个男同事曾经直言不讳地说：“除了妈妈的话，我谁都不信。”再说了，男人一天天在长大，有自己的女友、妻子，他的生活在走上坡路。而他的母亲年纪越来越大，身体健康在日益衰退，可谓“倒计时”了。男人不想“子欲养，亲不在”，所以对母亲倍加殷勤。这都是常理，并且值得提倡！

这样看，婆婆确确实实是“大人物”，至少在你们的小家庭中，她掌握着你老公的半个灵魂！讨好这位“大人物”，不仅不会让你掉价，相反，会收益颇丰。

前美国总统小布什的妻子劳拉也是一位“讨好婆婆”的高手。小布什成就了劳拉“灰姑娘”的梦想，劳拉却没有得到布什家族的肯定。为了和小布什的母亲芭芭拉建立好关系，劳拉在结婚前专门去学习了豪门礼节，比如走路的姿势、握手的时间和力度等等。倒霉的是，与小布什结婚之后，劳拉还是错误连连，有一次，她穿着一件性感、廉价的红裙子出门购物，被狗仔队拍到，成为当地报纸的头条。这让小布什的父亲大为光火。睿智的劳拉马上到婆婆那里认错，并且拜婆婆为师，向她重新学习礼节。芭芭拉原谅了劳拉，还亲自站出来帮劳拉辩解。开新闻发布会那天，芭芭拉还专门穿了一条高级定制的、跟劳拉那条红裙子很相近的礼服，以这种独特的方式“力挺”儿媳！

如果说劳拉是一个“嫁入豪门”的媳妇，那么，希拉里则是一个“下嫁”的媳妇。希拉里·克林顿结婚时，已经是一位成功的律师，而婆婆只是一个退了休的家庭妇女，邻居嘲笑她“没用”。为了让婆婆减少和自己的距离感，希拉里每周都会带几件克林顿穿脱线的西服去，让作为针线高手的婆婆帮忙修补。婆婆乐此不疲，就此找到了自己的价值。几次之后，希拉里开始按市价付给婆婆工资：补一件衬衫付 8 美元，缝一条裤子付12美元，如果给新出生的女儿做衣服，希拉里会付30到50美元不等。克林顿的母亲呢，高高兴兴收下这些钱，却没有花在自己身上，而是积攒起来，在克林顿和希拉里结婚7周年纪念日的时候，用这笔“缝补费”买了一枚水晶戒指，作为礼物送给了希拉里。

美国的“第一夫人”们尚且对婆婆毕恭毕敬，我们为什么就不能在婆婆面前忍一忍、让一让呢？我知道现在很多女孩子嫁个“孔雀男”，就像《王贵与安娜》里讲的故事似的，婆媳之间的差异主要反映在城乡生活方式和思维方式的差异上。其实，这也不应该成为你嫌弃婆婆、讨厌婆婆的原因。克林顿作为一个遗腹子，从小跟妈妈在贫民窟过着苦日子，就是一个不折不扣的“孔雀男”嘛，希拉里对他的妈妈还不是敬爱有加？

要知道，农村老太太应该算是中国最善良、最坚韧、最刚强的劳动妇女了。虽然她们受教育水平不高，眼界可能有些窄，但是她们持家过日子肯定是好手，她们吃苦耐劳勤俭持家才让你的老公“乌鸡变凤凰”，从这个角度看，婆婆大人的身上也有很多你可以学习借鉴的闪光点啊！所以，对“婆婆大人”多几分恭敬，在她面前稍微低一低头、让一让步，你绝对不会吃亏的。

10. 媳妇的美好时代

看完电视剧《媳妇的美好时代》，急着跟姐妹淘交流心得，好友Q妹一集没看，拉着脸跟我们说，什么美好时代，骗人的，当媳妇的从来没有美好时代，只有噩梦！我们窃笑，这小女子八成又跟婆婆“宣战”了。

Q妹自己做生意，小有成绩，淘宝店的月营业额赶得上一个高级白领的月工资。她跟网友们的关系非常好，赢得好评如潮。可偏偏回到自己家里过不了婆媳关系这道坎。婆婆总抱怨说，这媳妇太强势了太倔强了不服管。Q妹杏眼一翻：干吗老想管我？

我们不止一次劝过Q妹，她这个做生意的，竟然不懂得婆婆是自己最重要的“客户”。这位客户在商品上倾注了毕生的心血，现在你要把他“买”走，无异于割了她的肉。客户当然觉得很不舒服。但是不舒服归不舒服，她不能让货砸手里吧，于是要给儿子找个好“买家”。卖出去之后还是要做好“售后服务”，看看自己的产品运行得好不好，买家使用方法对不对，保养得勤不勤。

儿子这个“产品”呢，被妈妈辛苦抚养了二三十年，终于到了找媳妇的年纪。他不愿意打一辈子光棍呀，总希望再找到一个好“买主”，可以像曾经的主人一样对待自己。所以，他在找老婆的时候，有意无意就是在照着妈妈的样子寻找另外一个女性伴侣。

现在轮到你了，你看重了丈夫这件“产品”，想把他买过来。那一定得跟客户打交道啊。客户要吵架，你得做好客服工作，不管有没有道理，对客户当然不能正面冲突，好话就得说在前头。否则客户翻脸了，你的买卖就是竹篮打水一场空！

想想吧，你，婆婆，丈夫，就是这么个相互依存的关系，少了谁都不灵。所以，对于丈夫来说，母亲让他成为了“产品”，妻子让他成为了“商品”，这才能够实现他的“价值”。

我也是女人，我直言不讳地承认，女人的小心眼儿和敏感度天生就发达。如果婆媳双方不能把心胸敞开，特别是松绑对那个关系男人的“占有欲”，好好去经营自己的心灵世界，那么婆媳问题很难善解。

其实绝大部分夹处在婆媳矛盾中的男人都十分痛苦。既然我们口口声声爱自己的男人，为什么要让他痛苦呢？不要抱怨你的婆婆，更不要哭闹着埋怨男人没有“断奶”长不大。就是他到了八十岁，他在母亲面前也还是孩子！

所以，别成天跟婆婆拧麻花对着干了，讨好她一下，是件非常划算的事情。假如说你把婆婆当成“假想敌”，你就会把所有跟婆婆相关的事情往坏处想。婆婆给你一点脸色，你必定要给她更难看的脸色；婆婆给你个笑脸，你要疑神疑鬼以为她在耍花招；婆婆跟你老公说点悄悄话，你会认为他们在“算计”你；丈夫因为某些工作上的事情不愉快，你可能怀疑是婆婆在他面前说了你的坏话，进而使你跟她的关系更加紧张……更严重的后果是，这些斗争的结果都将指向你跟丈夫的感情，你的生活快乐指数将被大打折扣！

反过来，你主动跟婆婆搞好关系，会得到什么？将心比心，她会喜欢你；即使她一开始不喜欢你，也会被感动，逐渐喜欢你；她会在她儿子面前说你的好话，她儿子就更加喜欢你；她会逐渐把你当亲闺女看，好东西都留给你……从此进入媳妇的美好时代！

第三章

当个“大气女人”

还是那句耳朵听到起茧子的话：“好风凭借力，送我上青云。”薛宝钗是个绝顶聪明的女子，虽然同样寄人篱下，但是因为自己头脑精明、人情练达，境遇竟比林黛玉要好了不知多少倍。归根结底，因为她是个大气的女人。女人大气是一种内秀，女人大气是一种美德，女人大气更是一种福分。男人是天，应有天一样壮阔的气魄；女人是地，应有地一样广阔的胸怀。大气的女人才会有贵人相助，大气的女人才有亲友团的支持。且不管故事结局、人物命运如何，宝姐姐毕竟是得到了自己想要的东西，成功的经验自然值得借鉴。

1. 立志成为“老好人”

曾经，我非常讨厌“老好人”这个称呼，几乎把它跟“狡猾”、“奸诈”、“阴险”等词并列起来。要说谁是“老好人”，我已经在内心里跟他划出界限了。但是随着年纪的增长，反观“老好人”这类人，又很佩服他们，愿意跟他们亲近。因为他们安全、贴心。

老好人面对你的时候，总是笑脸一张。当你心烦、焦虑、紧张、不安的时候，见到这样的笑脸，情绪会稍稍安定下来。当你取得成绩、获得众人赞誉的时候，他对你的笑脸还是那样，并没有因此而笑得更谄媚、更讨好。由此，你会对他产生一种信赖。

老好人嘴比较严，一般不会把听来的事情随便跟别人说。假如你跟他说“不要跟别人说啊”，那你放心，他肯定不会跟别人说——你以为他跟别人的距离并不比你近。他铭记“祸从口出”的古训，倒不是为了保护你，而是为了保护自己。

老好人不一定善良，但绝对不坏。他不会背后下绊子阴你一下摆你一道，因为那样有损他“老好人”的形象，传出去好说不好听。很多事，他看得透，想得明白，但不会轻易说出来。他知道这是潜规则，却不会用这样的潜规则去害别人。

老好人不见得“嘴甜”，但不会“嘴损”。你出个洋相，或是丢了面子，或是说错了话，或是闹了笑话，别人都在笑你、打趣你、挖苦你，老好人不会。也许，他稍稍面露笑意，但不等你尴尬得脸红，他的笑容已经收起来了。他会慢条斯理地说："没什么大不了的，谁没犯错的时候，我当年比你还……"他会自暴家丑为你遮丑，从而让你在公众面前有个台阶下。你会因此而感激他。

老好人未必是真"好"，他希望被人说"好"，这就会让别人误会他"假惺惺"。其实，这是一门处世的艺术。别人说他好，喜欢他，欢迎他，他跟别人合作做事情的时候才能顺利，他求别人办事情的时候才不会吃闭门羹。相反，很多年轻人大言不惭地说："我不在乎别人怎么看我，就算所有人都不喜欢我，我还是我行我素！"你20岁的时候这样说没人跟你计较，30岁的时候再这样说，就等于把自己孤立起来。没人愿意跟你打交道，没人愿意跟你合作，没人愿意帮你，甚至，有人落井下石在你遭遇困难的时候在一旁哈哈笑——谁让这家伙不知天高地厚呢！这个时候，老好人又会帮着你说话："年轻人，别跟他计较！"

老好人很少有烦恼，因为他想得开。人跟人之间，不就那么回事么！哪么回事？利用，相互利用。用时髦的话说，"人人为我，我为人人"。老套一点，那叫"鱼帮水，水帮鱼"。大家低头不见抬头见，免不了有个磕磕碰碰，你瞧我不顺眼我看你不舒服的时候，但那都是人民内部矛盾，不应该上升到敌我矛盾。从大局出发，从长远着想，大家还是相亲相爱一家人来得愉快。电影《叶问2》里一代宗师不也是这么说的么：你帮我，我帮你，大家互相帮一下，日子就是这么过的。

老好人对别人都很宽厚，你惹了他，他不恼；你挤对他，他一笑了之；你欺负他，他以德报怨；你说他"面瓜"，他认了。但是，他对自己很严格，不该说的话绝对不说，每个字每句话都要想好了再说，每件事要怎么做必须认真权衡，每句话在哪个时机说他都心中有数。他宽以待人，却严于律己，给自己划定了各种不能出的圈子。所以，他跟大家的关系都不错，又都有一定的距离感，你亲近不得，又不舍得离开。

老好人，是有道行的人，有城府的人，成熟的人，淡定的人。成为一个老好人没啥不好，温暖而不烫手，清香却不浓郁，张弛有度，进退有法。女人若能修炼至此，还有什么事做不成，还有什么东西得不到?

2. 刀子和豆腐的拧巴关系

我是北方人，又在南方上了很多年的学，朋友中南人北人有很多，自然也就在闲着无聊的时候做个比较——不为比较高下，只是考据癖的一个研究嗜好罢了。

总的说起来，北方女孩“豪爽”的居多，一般都是大大咧咧，风风火火，有一说一，直来直往。北方女孩常常背着一个“刀子嘴”的恶名，她们爱打趣别人，尤其是在死党面前，抓住一点儿小辫子不把你砢碜死她就难受。这一点很像《红楼梦》里的林黛玉，闲着没事捉弄捉弄人给人起个外号什么的最擅长。但是，北方女孩在有刀子嘴的同时又多半拥有“豆腐心”，嘴上挺厉害，心却很软很温柔。为朋友可以铁肩担道义，为自己男人也是痴心一片，从来不藏着掖着，把自己辛苦积攒的积蓄全部奉献出来给男友做生意这种事非常普遍。

“刀子嘴豆腐心”，北方女孩就是这样的矛盾混合体，多少年多少代都变不了。识相的男人知道，娶到这样的女人是自己的福气，就算嘴上吃点亏，幸福生活还是比蜜甜的。交朋友找这样的也很贴心，相互打趣嘲笑那是因为你俩“铁”，一般人她还不爱搭理呢，真遇到困难的时候，那个揭你老底曝你糗事的人会对你帮助最大。

相对的，南方的女孩子婉约较弱，长着“豆腐嘴”，会说好话，爱说好话，撒娇的时候不仅男人爱听女人也觉着很受用。她们夸人夸得不露痕迹，也很少正面批评别人。提意见的话她们会说得很中肯，但绝对不会让你脸红脖子粗。她们一般只说“好”，不说“不”，说不的时候她会拿捏得很到位，拐弯抹角让你跟着她的意思走。实在说不出口的话，她们会示弱，会娇声细气地求助，让你情不自禁地向她让步。

这样长着“豆腐嘴”的女人，偏偏有“刀子心”。并不是她们存心害人，而是心里有特别硬的规则和纪律，分寸和尺度是她们时时刻刻铭记在心的。你送她一尺，她必定现世报一样还你一丈。清清楚楚，明明白白，是她们一贯的作风。如果你今天带两斤老家的特产板栗让她尝尝鲜，她第二天肯定给你端一碗她亲手做的梅菜扣肉表示感谢。这样的“斤斤计较”，有时让你觉得“累”，但是转过头一想，这也不错，亲兄弟不是也明算账嘛！

只可惜，人们往往里外拧巴，或者外刚内柔，或者外柔内刚，总难表里如一。正因为“刀子”和“豆腐”不能有效结合在一起，所以我们在相处的时候会产生矛盾。其实她跟你很亲，可偏偏伤你最深；你一直觉得跟她关系不错，可关键时刻她并不帮你。难怪亦舒说：“人们日常所犯最大的错误，是对陌生人太客气，而对亲密的人太苛刻，把这个坏习惯改过来，天下太平。”

3. 捏稳修眉刀，拿好睫毛膏

台湾女巫薇薇安曾经说过："女人眉毛下面的杂毛是小人，一定要剔除干净，而长长的睫毛是贵人，要加以养护和修饰。"看到这句话之后好好照照镜子，竟然觉得自己眉眼周正，不禁窃喜之。

面相这个东西不好说啦，信则灵，不信就不灵。但是，小人、贵人这事可含糊不得。小人好办，咱躲着，防着，别招惹，发觉身边有小人了"剔除"干净就行了。贵人就难办了。究竟谁是贵人？贵人有什么用？怎么用贵人？年轻的女孩子是很难弄懂其中的轻重的。甚至听过小女孩这样说："什么贵人不贵人，不就是巴结嘛，那叫'势利眼'，姐才学不来那一套呢！"汗一个！早几年，这种豪迈劲儿我也是有的。但是在后来的职场道路上，碰过壁，吃过亏，丧失了无数机会，才不得不承认，贵人的帮助是非常重要的。

还是那句耳朵听到起茧子的话："好风凭借力，送我上青云。"薛宝钗是个绝顶聪明的女子，虽然同样寄人篱下，但是因为自己头脑精明、人情练达，境遇竟比林妹妹要好了不知多少倍。薛宝钗无疑是一个深谙"贵人"之道的厉害角色，所以林妹妹自然万万不是她的对手。身边有那么多的贵人相助，"宝二奶奶"的位置当然也不会旁落。且不管故事结局、人物命运如何，宝姐姐毕竟是得到了自己想要的东西，成功的经验自然值得借鉴。

很多人认为只要努力工作、好好学习就可以受到别人的关注，得到应有的报酬——这种老土的观念还是丢到太平洋去吧。个人的努力固然重要，但是能够借力使力又何尝不是一种智慧的体现呢？这个世界是一个没有沟通和合作就没有发展的社会。任何人要想成功都必须找到一些有力的合作伙伴。拒绝借助他人的力量就是在阻挡自己前进的路。

聪明的人绝对不会仅凭一人之力打天下，而是善于借人之力打天下。况且，现实中的很多事情不是单靠我们个人的力量就可以解决的，学会借用别人的力量才更容易取得成功。我们完全没有必要让自己活得那么辛苦，既然可以四两拨千斤，就不必非得像愚公移山那样费劲。更何况如果愚公若不是遇到“老天”这个贵人，这山在他有生之年又岂是能移得了的？

很多人不爱看《红楼梦》，觉得里面人多，关系复杂，是非多。殊不知，越是人多，潜在的贵人就多；关系网越大，越容易找到属于你的那块地盘。你说说，那薛姨妈又不是没房子没地，干吗非到贾府去？虽说是姻亲在，但毕竟是寄人篱下。其实，薛姨妈的如意算盘拨得很响，谁不知道挨着大树好乘凉，即便自己用不着人家庇佑，多层关系多结交点人脉也是好的，以后自己的姑娘儿子，说不定还指望人家罩着呢！这不叫“势利”，这叫心计。你说，社会财富就那么多，一个人苦干傻干玩命干你能拿走多少？人家还不是集资的集资、融资的融资，合起伙来做事情。关系网就是这么个作用，把你势单力薄的境遇悄悄改变，让你从孤军奋战变成兵团作战，跟着别人一同分享胜利果实。

话说到这里，你要问了，究竟谁是贵人？我跟某某那么好，也没见他帮我做什么呀！你若这么说，可就是真的“势利眼”了。贵人分两种，一种是在紧急关头帮你渡过难关的，还有一种是日久见真情，在潜移默化中给你影响的。有些人每天每年在你身边，没有让你大富大贵，没有帮你一鸣惊人，但是他教会你很多东西，告诉你很多道理，让你在人生路上少走不少弯路。他可能是你的某位师长，可能是你的一个要好的同学，可能是职场中一位前辈，甚至是曾经刁难你、挤对你、鞭策你的一个竞争对手。总之，他的存在让你的生活发生了变化，可能是急促的，也可能是循序渐进的。但当你回首往事的时候，总能想起他，念起他，他就是你的贵人。

拿起镜子照一照，你的“眉毛”该修了吗，“睫毛”够不够浓密？手持菱花镜，不能整天顾影自怜，也得想点儿“仕途经济”啊。小人和贵人就“潜伏”在你的周围！不要以为只有那些显贵才可以对自己的成功有所帮助。在适当的时机，任何一个普通人都可以成为你扭转乾坤的贵人。所以，贵人是无处不在的。也因此，对身边的人一定要以诚相待，毫无诚意的点头之交对于我们的成功没有什么太大意义，我们必须通过控制自己的感情为自己创造更多成功的可能。

4. 无“闺密”，才“闺蜜”

大S和吴佩慈是圈中人所共知的闺蜜，俩人是同学，又一起搭档做节目，到合伙开店做生意，用亲密无间来形容毫不过分。当记者问大S“你们之间有没有秘密”的时候，大S很干脆地说，没有，如有事连她都不能告诉，那这件事一定是不对的。

这样的回答先让人惊讶，之后是妒忌。这不仅仅是“信任”的问题。男人们常常带着鄙夷的神情说，女人懂什么友情。其实他们不了解，女人之间的友情更单纯，更透明，更包容。女人是一种懂得付出和感恩的动物，内心柔软，善良真诚。虽然我们在职场商场上往往表现得很生猛，但是在个人生活中还总有那么一颗简简单单的水晶心。大S那么果断地说“没有”，一方面是因为她信任吴佩慈这个姐妹，另一方面是因为她对“友情”本身有信心。她不但把朋友作为倾诉的对象，还作为辨别自己行为是非对错的准绳。可以对朋友坦荡地说出来，就是对的；连好朋友都不能告诉，这件事就不对。

对我们新时代的女性而言，闺蜜是一种生活态度。不定期的聚会、彼此间的倾诉、出谋划策、相互扶持都成为一种常态在岁月中甜蜜流淌着。闺蜜是生活中不可或缺的一部分，没有“蜜”，“闺”中怎么甜？

闺蜜们无话不谈、交换心事、一起血拼、一同出游。她知道你上小学时暗恋的某个男生，你知道她第二任男友居然不吃胡萝卜和青椒；她把她的日记和存有私房钱的存折托你保管，你把你前男友的照片和信件在她家寄存；她为你的爱情胜利出谋划策，你为她的感情失败黯然伤怀……你们在彼此的心中珍藏着对方的“陈年往事”，两两相望时如同在照镜子。闺蜜的情感就是这样神奇而坚决，正像范玮琪歌词中所唱的：“你拖我离开一场爱的风雪，我背你逃出一次梦的断裂。遇见一个人然后世界全改变，原来不是恋爱才有的情节。”闺蜜之情有时真的比男女之爱更加动人，也更诱人。

闺蜜是那个懂你心的人，你费了半天力气才跟男人们解释清楚的某个想法，到了闺蜜那里只消一个眼神就能让对方心领神会；闺蜜比任何一个耐心的男人都更善于倾听，你的喋喋不休也许会让爱你的男人都不胜其烦，然而闺蜜却能及时参与，并且表现积极，即使被当做情绪的垃圾桶也往往毫无怨言；闺蜜跟你拥有共同点和相同的嗜好，都喜欢金枪鱼寿司和山东大煎饼；闺蜜跟你共进退，让你永远有同盟，少了孤立感、多了安全感，做起事来也就更有底气、信心倍增；闺蜜可以毫无顾忌地挑你的不是当面说出你的缺点，你也可以这样说她，但是你们仍然觉得彼此都是命运赐给你们的最完美的礼物。

也许你会说，《红楼梦》里宝姐姐就没有闺蜜，她对谁都不远不近，跟谁都不冷不热，自己吃的药都叫“冷香丸”，透着那么一股子拒人千里之外的劲儿。但是你不要忘了，薛宝钗虽然不“蜜”人，却挡不住别人来“蜜”她，大观园里的姐姐妹妹们没一个说她不好，上上下下的太太丫头们也都对她称赞有加。说林姑娘不好的人一大把，但是宝姑娘的不是他们都挑不出来。林黛玉好些小性子自己都不好意思往外头使，读几本男欢女爱的小说还要藏着掖着。但是薛宝钗没这个顾虑，她做了就不怕被人知，怕人知道的事她不去做。

其实，认真观察我们不难发现，我们的“闺蜜”关系并不是整天黏在一起、形同双生儿。我们都学会了独立，学会了保持距离，不整天腻在一起，不掺和对方的私事。然而一旦对方发出求救信号也一定会毫不犹豫地伸出援手。我们的闺蜜更倾向于成熟理智，同时也正因如此，这种闺蜜的关系才显得尤为重要和宝贵。

所以，几乎每个女人都有一段闺蜜情结，人生因为有了闺蜜才变得多姿多彩。虽然间或也会听到闺蜜之间反目成仇、横刀夺爱，甚至被出卖、被欺骗的坏消息，但是并不影响这种情感的主旋律，而且也不因为受到了某个闺蜜的背叛，连其他的好友也一同被株连。女人们即使失去了一个朋友，也不会将整个闺蜜的队伍一并解散，因为闺蜜已经成为生活当中的一部分，甚至是一处避风的港湾。没有闺蜜就没有安全感，没有人倾听、没有人倾诉、没有人分享、没有人理解、没有人批判指责、没有人献计献策、没有人感同身受、没有人打气加油……总之，没有闺蜜的日子连天气都会变得晴转多云再转阴，所以人生岂能无闺蜜呢？

5. “蓝颜知己” 这物件儿

写下这题目，刚好有个“蓝颜知己”QQ在线。发给他瞧一眼，他回几个字说：很贴切嘛。大概是心有不甘，过了一会儿，此人又发过几个字说：你们女人真狡猾，用物件儿了就想起我们，用不到了就相忘江湖，我气愤，相当的！我窃笑：气愤去吧，要不我老公该气愤了。

没有哪个老公敢大胆声称：“我媳妇有个蓝颜知己，我一点儿不吃醋！”即便有人说，那也是打肿脸充胖子，心里一百八十个不乐意，但是装着不露出来，醋坛子早在心里打翻了。在这方面，男人其实比女人还要小心眼儿。如果他很在意自己的女友或媳妇，会把她当成“私人物品”，绝对不跟外人分享。“蓝颜知己”，听听，都知己了，太亲密，太暧昧，一不小心就来顶绿帽子，他们可受不了！

但是，就像男人都向往红颜知己一样，女人偏就缺少不了蓝颜知己。因为男友也好，老公也好，终究不能帮女人解决所有难题。特别是涉及到工作、生意的事情，如果男友、老公不涉及其中，他很难给出合理性建议，这时候我们就特别需要一个懂行的、够强大的人来为我们出谋划策。很多时候，蓝颜知己就充当这样的智囊团的角色。工作上相互帮助，有困难一起想办法，我认为这是最安全、最稳定的“蓝颜知己”。

拥有蓝颜的榜样人物当属主持人李静。李静和戴军是节目中的默契拍档，更是生活中的良朋知己。李静当着自己老公的面都会毫不心虚地称戴军“亲爱的”，并且常说戴军是她生命中最重要的三个男人之一。而戴军也毫不掩饰自己的“小心眼”，直接表达自己的不满，声称幸好李静家生的是女儿，否则恐怕自己的名额就会被挤掉了！虽然是玩笑话，但是也证明了彼此间的友谊是如此坦荡，也正因有了这份坦荡才让他们之间的友谊更加牢固和无私。

因为彼此对之间的感情不可能产生爱情的化学变化都心知肚明，甚至从一开始就杜绝了这种念头的滋长，更明白谈起爱情便会亵渎了这份感情。所以才能获得如此纯然的友谊，这无疑是一种智慧之选，也只有智慧之人才能做得出来。聪明的女人知道自己要什么，也知道什么事情一旦改变就破坏了原来的和谐与平衡。为了不打破这种和谐与平衡，明智的男女也从来不去想彼此之间会不会有其他可能。

基于这种前提，智慧的男人才有了成为女人蓝颜的可能，聪明的女人也才具备了成为男人红颜的资本。那个贴心的异性朋友永远陪在身边或者活在心里，但谁也不会有负罪感，也不需要逃避，更不必担心自己爱上了对方，因为他们都知道那只是依赖而不是爱。蓝颜和红颜之间的依赖，是知己才会有的依赖。当那个男人成为你的蓝颜的时候，你便也成为了他的红颜。所以，那种依赖是相互的，彼此的付出都能得到相应的回报，公平得很，是爱情所不具备的公平素质。也因此，你们毫不犹豫的选择保持这份友情。很好，大家都做到了，所以彼此都是赢家。

所以，我尽可说蓝颜知己是“物件儿”，要用他的时候他能上，不用他的时候他能退——他对我也是这样嘛！有事情就谈事情，有问题就解决问题。没事儿的时候，回家抱老公的抱老公，抱老婆的抱老婆，各不相扰，不玩暧昧，不来电，不放电，免得让那些“醋意正浓”的家伙们借口发作！

6. 交“好”朋友，做“正经”事

“自从有了你，世界变得好美丽，一起漂泊一起流浪岁月里都是醉人的甜蜜……”还记得这首歌不？电视剧《还珠格格》片尾的，前面还有“感谢天感谢地”的一番大实话。在赵薇众多的单曲中，我觉得这首歌词写得太直白，旋律也是直来直去的没什么美感。但是，就像下了蒙汗药似的，这词这曲听完之后就忘不了，真邪门儿了！

后来我想，也许正是因为这词这曲都太过简单，简单得就像我们日常说话一样，所以才朗朗上口，让人一下子就记住。这也说出了我们心中想对朋友们说而久久没说出来的真心话。二三十年的人生，说长不算太长，也不短，要是没几个好朋友在身边，会丧失多少乐趣，丢掉多少机会。

我们说到朋友，总想到发小、同学这类。其实，当我们走出校园，走进社会这个大“课堂”，对朋友的定义也就宽泛了，“同学”就更多。在职场中竞争的同事、合作的伙伴，其实都算得上是朋友。再宽泛一点说，能够相互促进，相互帮助的，都是朋友。

这种观点看似显得太过功利，男人才这样交朋友呢，女人在选择朋友的时候还是比较感性的，凭感觉、凭喜好、凭心情，至于有用没用好像只是附加产品，有用更好，用不着也无所谓。这种态度其实也没什么错，只不过是随性了点儿。

但是自古以来的“良师益友”“同志为友”“观其友知其人”“同声相应，同气相求”“近朱者赤，近墨者黑”，都告诉我们只有交到好的朋友，才能使我们更加进步。所谓“有用的朋友”不光是对我们的事业有帮助，更是那些对我们人生、品质、发展有帮助的人。而在我们人生不同的时期，我们真正需要的朋友的构成也都发生着变化，结交那些对我们有用的朋友可以让我们在各个方面受益良多。

网上看过一个帖子，大意是说，想在城市里生活得好，需要有“二十个”朋友，其中涵盖了医生、警察、律师、理财师等等。这些人都能满足你各种需求，当你有了某方面的困难的时候，找“朋友”总比花钱雇人方便得多。

中国是个人情社会，到哪里都是有关系好办事，在这一点上，跟体制健全的欧美国家比不了。比如说医疗这块，美国人大多有自己的私人医生或者家庭医生，他们之间保持着朋友关系，有病就找这个固定的医生，这就避免了“坑蒙拐骗”等医德不良者从中牟利的现象——花钱是小，耽误病情是大。而在中国呢，医疗体制咱就没法过多评判了，想去“大医院”挂号难比登天，即便挂了号，二话不说先给你开一通单子交一通费。凡是去“大医院”看过“大病”的人心里都明白这个潜规则：看病没熟人可不行。

再拿打官司这事儿举个例子。中国人不爱打官司，爱“私了”，打官司终究是个“不好”的事情，能够私底下化干戈为玉帛息事宁人最好。但是，很多事情私底下摆不平，这时候你就需要诉诸法律。好，问题来了。你直接去告状？很难，你总要找个律师咨询一下，问问情况。哎，难怪天底下那么多笑话、故事、段子来讽刺律师，律师一张嘴就要钱啊！你去咨询，哪儿有白咨询的，分分钟都是钱呐！你以为你有钱就能搞掂？错了，那得看律师本人有多少油水可捞，要是律师拿不到你多少钱，而官司本身又没什么意思，人家才懒得给你做代理呢！最终你的表情会跟在医院里一样，感慨着说：打官司没熟人可真不行。

真的，我没危言耸听，看病也好，打官司也好，我都经历过，深知“没熟人”的尴尬和“有熟人”的便捷。所以我才非常负责任地跟你说，交“有用的”朋友是多么必要的一件事！

说到这里，不得不再次提到薛宝钗那句“好风凭借力”。我们生活在这个社会，就是相互帮助、相互照应，朋友是怎么产生的？是在一重又一重的关系牵连中，通过不断互动产生的，也只有继续牵连、不断互动才能保持下去。“别后不寄一行书”，这样的朋友是很难维系下去的。在帮助朋友的过程中，你会享受给予的快乐；同样，你向朋友求助，也会让朋友感觉到自身的重要性。很多时候人是借助别人的弱小来显示自己的强大的。一个“行将就木”的人会觉得自己一无是处，你若是求他做件事，他会重新焕发新的生机。这也是“朋友”彼此成就的意义所在！

所以，我可以很负责地跟各位姐妹说，交“有用的”朋友绝对不是势利眼，也不是功利，而是一个人成长成熟所必需的。人的一生有多少事情要做，上学上班，结婚生子，再培养下一代上学上班、结婚生子，这都是“正经事”，是你无法回避的环节。凭一个人的力量很难完成。你需要朋友的帮助和指点，有来有往，互利互惠，每个人都为朋友做一些力所能及的事，就能实现双赢，皆大欢喜。

7. 别怕和陌生人说话

当下流行一种病：选择性失语。简单说就是，在有些人面前话多，在有些人面前无话可说，因为觉得“没有共同语言”。人们把这个现象总结成：“生人面前不说话，熟人面前是话痨”。微博的流行更是把我们这种“病”推向了极致。我办公室里一个平日默不作声的小姑娘，一天下来居然可以用电脑和手机发出上百条微博，我们在叽叽喳喳说东道西的时候，人家就在一旁蔫儿着对着网页傻笑。

这种“选择性失语”很多女孩都会有。因为自我意识非常强烈，觉得自己根本没有必要去迎合别人。“陌生人＋无交集＝忽略不计”似乎成了现代人际关系的一种约定俗成。

要不要交流当然是你的事情，由你的个性和需求决定，但是这种排外的心理本身并不健康。因为工作或生活的要求我们不得不去接触一些人，这些人可能是我们根本不愿意去面对的。很多人对此有负面情绪，于是对陌生人产生拒绝的心态。在他们看来，所谓应酬也只是表面的交流，不会有获得深交和友谊的可能——从一开始就给自己不情愿的社交设定了这样一道屏障，久而久之也就失去了真正研究和接受别人的想法与心情。于是朋友还是曾经的那几个，甚至因为久不联络而越来越少。一个人进入了大社会却没能维护和扩张好自己的小圈子，这恐怕也算是一种失败吧。

我们不愿意应酬也跟我们小时候受的教育有很大的关系，父母告诫我们“不要和陌生人说话”否则就会有危险。由于从小就受到这种观念的支配，即便是等我们有了自我保护能力之后还是会对“陌生人”有一种莫名的恐惧和抵触心理，在不得已的情况下和陌生人打交道也会变得非常被动和不适应。性格外向的人还好说，如果是性格腼腆的就会产生某种心理障碍。这其中女孩子尤其严重，因为本身的性别关系，所受到的排他性教育更加深刻，与陌生人接触起来也会显得尤为困难。

但是，作为已经具备独立人格、能够正常思考、做出正确判断的女人，应该将这些心理暗示从自己的意识当中清理出去。年纪不小了，不能继续守着爹妈过日子，总得出去恋爱、结婚。就算你对男欢女爱没兴趣，也总该有个自己的圈子吧。圈子里的人也在成长，也得恋爱结婚去，你的圈子岂不是越来越小？你总得吸纳新鲜血液进来，或者进入到新的圈子里去，跟陌生人说话，总是免不了的。

其实，女人跟陌生人说话有一种天生的优势，就是我们的“感性”。一件漂亮的外衣，一个好看的发型，一个别致的小配饰，或是一款风格独特的包包，都可以成为我们的话题。有些特别知性的女孩子，善于通过被人的外表看“透”别人，三眼五眼就断定对面这个人不是自己的“同类”，于是就此屏蔽，不再跟这个人交谈，这是“选择性失语”的重要原因之一。说白了还是内心的一种抵触。

为什么会发生这种抵触呢？我想原因主要有两个，一个是凭直觉“不喜欢”，另一个就是妒忌心理作怪，担心对方抢了自己风头。前者很好理解啦，后者恐怕会有很多姐妹掩耳盗铃不愿意承认。坦率说，我自己就有过这种心理。曾经办公室来了个小美妞儿，年轻，漂亮，时尚，我越看越嫉妒，暗自发誓一辈子不理她！不过，嘿嘿，不到一星期我们就成好朋友了，因为我发现她在穿衣打扮方面确实很有心得，不把她拉过来做我的免费穿衣顾问实在太浪费啦！

所以，我觉得我们应该克服对陌生人的排斥心理，在心底深处鼓励自己去结识陌生人，逐渐形成自己的社交体系，从而给自己的生活注入更多的活力和更加丰富的资源。我们必须要知道，陌生人其实对我们的生活很重要。虽然中国的传统教育一直被熟人社会所把持，人们对血缘、地缘、师生缘、同窗缘更加依赖和信任，熟人之间的交往已经成为一个被大家习惯的相处模式。但是我们不可能总是生活在熟人的空间里，学会和陌生人交流是在陌生环境中必需的生存能力，而且一旦学会就会成为自己的宝贵财富。

8. 人未动，气场先行

气场这东西挺难描述，它看不见摸不着，但是又客观存在着。很多人的气场你感觉不到，就是因为太小太弱了。而有些人，你刚刚看到他，靠近他，就会被他巨大的气场“电”到，也许是一个眼神，或者一个微笑，或是其他什么一举一动一颦一笑，都能迅速在最短时间内征服你。

在《红楼梦》里，只对林黛玉进贾府进行了重点的描写，也正是这出戏引出了书中的各位女主角女配角。哪个人什么性格，完全通过这一次的“气场”描写反映出来。那个时期的林黛玉年纪还小，但是“举止言谈不俗，身体面貌虽弱不胜衣，却有一段风流态度”，众人看出了黛玉的气派，却也看出了林黛玉的病——身体里的不足之症，和心里的孤高自诩。

薛宝钗到贾府的时候，并没有这样重点的介绍，但是，宝钗的气场很快就征服了贾府上上下下的人。她“年纪虽大不多，然品格端方，容貌美丽，人人都说黛玉不及”，“又行为豁达，随分从时，不比黛玉孤高自许，目无下尘，故深得下人之心，就是小丫头们亦多和宝钗亲近”。宝钗强大的气场为自己赢得好人缘，以至于林黛玉心生不忿。

可以说，林黛玉和薛宝钗小小年纪都有强大的气场，让别人对自己刮目相看。这其中，当然有一部分是她们“主子”的身份所致，但更重要的是她们在大观园众多美女中形成了自己独特的风格，成为两处截然不同的风景。

我们虽不住在大观园，却生活在大世界，每天要与很多人打交道，作为女人，修炼出这样的一股气场无疑是对我们的社交处世有所裨益的。新老朋友不断交往，如果你没有自己特有的气场，就很容易成为最不起眼的一个，这也就怨不得别人忽视你、遗忘你。想在社交中赢得自己的一席之地，就需要修炼这样一种影响力。不是让你强悍得像“母大虫”，也不是让你标新立异，而是要有自己的“范儿”，衣服穿出来，人往那儿一站，人家就会对你认真看上几眼。要知道，多少机遇、多少故事，就是从这“几眼”中诞生的呀。歌里不是唱了嘛：“只因在人群中多看了你一眼，再也没能忘掉你容颜……”看看，这位不仅被气场电到了、砸晕了，还一直昏睡不醒。这就是气场的力量。

要修炼出这样的气场，强大的心理力量很重要。还拿宝钗黛玉来举例。林黛玉投靠外祖母，寄人篱下，是带着几分自卑和自怜的，所以她处处小心，步步谨慎。但是同时，她骨子里又带着“孤高自诩”，她鄙视那些仕途经济的圣贤文章，一心沉浸在自己臆想的世界里，抱定“质本洁来还洁去”的信心，所以能够发散出一股强大的自信的气场。同样，薛宝钗也有这样的信心，虽然父亲过世了，自己又没能进皇宫做娘娘，但是她出身名门，家教好，性格好，随性宽容，所以身上有一种魔法般的吸引力，引得别人都喜欢她。而她又是浑然不知的，说明这气场不是“装”出来的，而是骨子里带出来的。

除了心理力量，才情也是十分重要的气场修炼元素。小说里大观园的姐妹们无数次结诗社、行酒令，显示出大家闺秀们的锦文秀口。其实这也没什么，她们小时候识文断字学功课，主要内容就是吟诗作画，做首诗联个对子对于她们来说是消遣，就像我们今天唱卡拉 OK 一样。但是，一比较就有高低了，林黛玉和薛宝钗的作品带有非常鲜明的个人风格，亦流露出个人的内心世界。在这一点上，史湘云也是亮点之一，“醉卧芍药茵”那一回把这个开朗活泼天真烂漫的小姑娘写得栩栩如生，透过文字都能被她那一股动感十足的气场征服。

有心气儿，有才情，是女人修炼强大社交气场的重要元素。礼仪、化妆、穿衣打扮这些是外在的，不容忽视，但更重要的还是内在涵养。我们见过很多人，第一眼看上去并没有留下什么印象，但是当你跟他交流之后，就会被他的个人魅力征服。这就是内在的修为赋予他强大的气场感染力。林黛玉的“病态美”也好，薛宝钗的“冷香”也好，都是一种独特的魅力，吸引身边的男人女人主动向她们靠近。若是我们注意培养自己的内涵，让“小宇宙”从内到外来个总爆发，我们就能从唯唯诺诺的丑小鸭华丽丽变身白天鹅，成为社交中的焦点人物啦。

9. 做大气女人

生为女人，若是小气，没人批评你；若是大气，会有很多人爱你。这是件好玩的事。我曾经想学着做个小气的女人，小鸟依人，小家碧玉，小肚鸡肠，小脑袋里盘算小九九……可是我最终狼狈认输，那跟我胎里带来的基因相去甚远。然后，我期待自己能做个大气的女人。女人怎么大气？不是抽烟喝酒财大气粗，不是五大三粗大嗓门儿，女人的大气，“大”在胸襟，“大”在度量，“大”在视野和思路。

大气的女人，从不费心记着已过去的恩恩怨怨，让不愉快的事情纠缠自己一生，永不得轻松。她明白人生在世，难免会有是非有仇恨，但是这些东西不能成为压在心里的石头。用仇人的错误来惩罚自己是愚蠢的行为，原谅他，无视他，忽略他，自己会因此而得到救赎，进而满心轻松。

大气的女人，不为名利而争，更不为钱财而搏。体贴女友、贤惠妻子、慈爱母亲、孝顺女儿才是她乐意扮演的角色。年轻时候做个好同学、好朋友，年纪大了做好姐姐、好阿姨，与周围的人和睦相处，其乐融融，这是多温暖的境界。

大气的女人，认真过生活，不做生活的奴隶。她懂得为自己创造悠闲舒适的环境，喜欢在阳光沐浴中读自己喜欢的散文，会在夕阳下与最亲的人欢心漫步在林间小道，尽情享受生活的快乐。

大气的女人也许身处蜗居，却不被狭隘的空间束缚住内心的自由。她不为一己之利而伤神，不为不义之财而窃喜，更不为他人腾达而嫉妒。深谙“宠辱不惊，闲看庭间花开花落；去留无意，漫观天外云卷云舒”的洒脱与超然。

大气的女人，不需要刻意强调自己的生日，向朋友索要礼物；但是会记得朋友的生日，及时送上祝福。大气的女人因淡然而快乐，因忘我而投入，因无忧而轻松，所以会有让人敬佩的心灵之美。她不去主动与人亲近，也会吸引朋友无数。

大气的女人，或许没有漂亮的容颜，没有魔鬼的身材，但是她识大体，重仪表，庄重的场合绝对不让别人难堪，轻松的场合甘当开心果。纵然她做不出惊天动地的大事业，但其气质之大，足以让大男子、大丈夫们望而赞之。

大气的女人绝不野心勃勃如武则天，但是她有自己的梦想和追求。她拒绝平庸，渴望实现自己的价值。她不轻浮，不粗俗，她绝对不会在地铁或公交上使尽浑身蛮力只为争一个座位，她只会默默把自己的座位让给老人或抱小孩的爸爸妈妈，并坦然接受别人的“谢谢”二字。

从今天开始，努力做个大气女人。女人大气是一种内秀，女人大气是一种美德，女人大气更是一种福分。男人是天，应有天一样壮阔的气魄；女人是地，应有地一样广阔的胸怀。自强不息，厚德载物，是为整个人类世界生生不息的源泉。

10. 我有点事儿先醉了

“我有点事儿先醉了！”这是我一个女朋友的名言，至今蝉联圈中好友酒后箴言冠军榜榜首，无人能出其右。那时我们刚刚大学毕业，为了生存，女友进了一家小外贸公司做业务，混在一群老爷们儿中间伪装坚强，靠酒量为自己赢得一点派系斗争的资本。跟老板喝，跟客户喝，跟公司里的业务老大喝，一年之后，她是公司里薪水最高的女职员。

喝伤了胃，喝伤了心，我们都劝她别这么拼命身体最重要。她说，我不想让那些臭男人瞧不起我。她是在斗气，秉性好强，做什么都要做到最好。投怀送抱暗送秋波那一套她始终做不来，干脆牙一咬心一横把自己武装成男人，用瘦小的身躯去跟他们拼。拼到最后，自己醉眼蒙眬哭着说，我他妈到底是输了还是赢了？

这是我们从小就跟男同学一同竞争而落下的通病。在日本、韩国、美国等国家，男女差异教育从孩子生下来那天就开始了，男孩子会努力学习金融、法律、医学等职业技能，女孩子要懂得烹饪、裁剪等家政知识。而在中国，没有这样的差别，我们从小就跟男孩子读一样的课本、上一样的课、穿同样的校服、参加同样的考试、学习同样的科目、在同样的竞技场中竞争。二十几年的生命里，似乎只有厕所和澡堂是男女有别的。在这样的体制里，女孩优秀与否的标准似乎跟男孩子也是一样的。

可是到了职场之后你会发现，单单凭女人的天真和善良是撑不起“半边天”的。真正有力的还是男人的硬脊梁和厚脸皮。于是，有些女孩子，如我的那位酒神女朋友，试图把自己变成“男人”，一定要“打败男人”。最终，把自己弄得男人不像男人，女人不像女人。年轻的时候，我们互相嘲笑没有“女人味”，大家哈哈大笑，但是到了三十岁，这样的玩笑再不能开，因为里面有一种被生活磨钝心智的残忍和无奈。

我觉得，我们拼不过男人。没错，拼不过，因为我们拼的方向不对，你是在用自己的短处跟人家的长处做比较。你努力让自己做到“优秀”，却不得不承认体能和思维方式上确实跟男人难于同日而语。并且，男人的心非常“狠”，涉及到诡计、阴谋、战术等字眼的时候，女人会排斥，而男人乐在其中。商场跟战场相似，都讲究兵不厌诈，而兵不厌诈的基础就是“心够硬、够狠”。职场里有太多“为达目的，不择手段”的男人，他们工作能力中上，全靠陷害别人排除异己往上爬。对这种人，很多职场姐妹会愤愤不平，甚至公开针锋相对，最终被他们排挤掉。

工作多年之后，我最深的感触之一就是，女人很难打败男人。所以，我们应该调整思路，不要去跟男人较劲，只要自己做到最好就可以。“最好”的标准是什么？尽了我最大的努力，贡献出了我全部的脑力和汗水，能做的都做了，能说的都说了，没有丢掉女人的自尊和骄傲，没有触及心中的道德底线和做人原则。以上都做到了，事情却没有达到我们预期的目的，却也能怀有一颗平常心，坦然接受这个事实。我们是女人，要为这个世界贡献美好、爱和善良，而不是拿我们的美好、爱和善良去跟男人们较量。

第四章

分泌工作荷尔蒙

女人，你究竟想要什么？《红楼梦》大观园里的女孩子们仿佛一个个都目标明确。林黛玉想要嫁给宝玉；薛宝钗想要“少奶奶”这个位置；袭人要做宝玉的“二房”；还有个俏丽的探春，有才识，有胆识，她想像男人一样闯出去做一番事业，无奈自己是个女儿身，只能待字闺中，别无选择。这些女人都知道自己想要的是什么。知道自己想要什么的女人是幸福的，因为目标明确，生活有所期待。可是，光有目标还不够，还得知道自己如何实现目标。像林黛玉那样哭哭啼啼动小心思却又抹不开面子去争取，最终只能含恨离开。像王熙凤那样不择手段眼里不揉沙子，最终也要自食其果。只有像宝钗一样悉心盘算，稳健争取，才能成为最后的赢家。

1. 自己究竟要什么

女人想要什么？笼统地回答：男人。小女孩都觉得男生围着自己转是很自豪很骄傲的事。那些被众多护花使者簇拥的女生，往往活在嫉妒者的眼光和诅咒中。即便年龄增长，这份虚荣丝毫不会减淡，若是能够在众目睽睽下收到男人送来的礼物和鲜花，女人心里的堡垒再坚固恐怕也会瞬间崩溃。要不，男人怎么把俘获女人心当成生命的真谛呢？那些号称要征服世界的男人，最初的驱动力，多半是要征服某个女人。而纵容了男人这股子征服欲的幕后“元凶”，恰恰是女人对男人的征服欲。

这有点像绕口令，却是事实。就像《老友记》里莫妮卡诅咒：“男人没有一个好东西。”而菲比提醒她：“即便如此，你也不希望他们消失，是吧？”女人吸引男人，男人征服女人，猫捉老鼠，鹰逐狡兔，千载不倦的游戏——只有对某个人厌倦的时候，却不会对整个群体失望。只不过，女人征服一个男人之后就总想守着这片领土不思进取；而男人占有一个女人之后就希望向下一个目标发起冲锋。女人“从一而终”的渴望被男人的花心击溃，进而转向其他的目标。“如果没有很多很多爱，有很多很多钱也不错。”把对情感的需索和占有转移到物质上，更为具体和实在。

女人，你究竟想要什么？《红楼梦》大观园里的女孩子们仿佛一个个都目标明确。林黛玉想要嫁给宝玉，她只想要宝玉这个人；薛宝钗想要宝玉，或者其他门当户对的王公贵族，她想要“少奶奶”这个位置；袭人想要宝玉，她只能将目标位置锁定在“二房”；王熙凤做了琏二奶奶，这不够，她要做个独一无二的二奶奶，绝对不允许自己的男人再有“二奶”，为此不惜下狠招……这些女人都知道自己想要的是什么。还有个俏丽的探春，有才识，有胆识，她想像男人一样闯出去做一番事业，无奈自己是个女儿身，只能待字闺中，别无选择。

知道自己想要什么的女人是幸福的，因为目标明确，生活有所期待。可是，光有目标还不够，还得知道自己如何实现目标。像林黛玉那样哭哭啼啼动小心思却又抹不开面子去争取，最终只能含恨离开。像王熙凤那样不择手段眼里不揉沙子，最终也要自食其果。宝钗和袭人都是知道自己想要什么又知道该怎么做的人，所以最后如愿以偿。至于探春，若是生在当今，应该也小有作为了吧。

如果你十几岁不知道自己要什么，这没关系，你还有漫长的时间去摸索和寻找。如果你二十几岁不知道自己要什么，还没关系，你还有时间去犯错去走弯路，在众多的备选答案中逐一筛选淘汰不想要的。这样，到了三十岁，你会逐渐明白，那个传说中的幸福生活到底是什么。

好友猪猪一直是那种“不知道自己要什么”的人。她总是眯着两只小眼笑笑地说：我觉得现在的生活就不错啊。当时，我们一干人等抨击她“没追求”。我们都给她灌输“大女人”理念，宣扬要独立、要自强、要有事业心、要巾帼不让须眉这类强悍言论。她总是一脸天真无辜状问我们：“然后呢?”然后？然后就更独立、更自强啊！话说完，我们自己也觉得有点不符合逻辑了。在劝猪猪的同时忽然醒悟过来，也许，每个人想要的东西是不一样的。像猪猪这种，她“想要”的正是眼前的，工作稳定，收入还不错，老公体贴，孩子健康。我们横刀跨马追求职场上的快意恩仇名利双收，她只想安稳度日相夫教子，我们都是知道自己想要什么的人，仅仅是，目标不同而已。女君子也要“和而不同”。

2. 释放小野心，点燃小宇宙

大概是受了男尊女卑封建思想残留的毒害，至今，人们提到野心二字，还是带着鲜明的性别歧视。一个男人有野心就被赞为“有出息”，一个女人有野心就被贬为“不检点”——甚至，某个女人的野心实现了，就会被指责是靠男人实现的。

咱不站在女权的立场上讨公道，咱还说咱自己的：究竟想要什么？女人也是人，谁没点小欲望，谁没点小追求。在一个男权的社会里，除了嫁人，女人没法干别的。男人就是女人的“事业”。可现在不一样了，士农工商三百六十行，每一行都向女人敞开了大门，想做什么都由你——只要你吃得了那份苦！所以，这是一个最坏的时代，因为在“男女平等”的口号声中还有很多“女人就是女人”的性别质疑；但是，这也是一个最好的时代，因为很多男人在巨大的生活压力面前承认了自己的软弱和无奈，他们觉得，假如女人能折腾，就让她们折腾去吧，即便比自己挣得多也没关系。Bingo!

我喜欢电视剧《婚姻保卫战》片头那首歌，几个男中音无可奈何地唱：“如今月亮的光芒已赛过太阳，女人开始闯荡，男人占领厨房。洗衣做饭煲汤已不是你的战场，在外呼风唤雨也不是我的专长。曾经五千年历史的女弱男强，如今熬到女人起义，妇女解放。迷茫，迷茫，这日子有点发慌，迷茫，迷茫，这未来让我不敢去想，能不能给点希望让我看清方向，能不能留点时间让我告别告别往日辉煌……”男人既然已经缴械要告别往日辉煌了，那咱就得不负众望勇敢扛住哇！

近两年经济形势不好，高等教育应届毕业生的就业状况也遭遇了危机，很多学生降低了自己就业薪水起点的期望值。有些女孩干脆打出了“嫁汉嫁汉，穿衣吃饭”的招牌，逃避就业压力，将“嫁人”当成事业来经营。其实，这仅仅是一时的逃避。所谓躲得了一时躲不了一世。我一直坚信，做任何事都有压力，如果一个人放弃就业的压力而选择婚姻，那么在经营婚姻的过程中再遇到压力，要逃到哪里呢？更何况，就业可以择业，择业可以跳槽，你不能几次离婚来择老公吧？

相反，如果把自己那份小野心释放出来，让自己放手一搏，挨过眼前的困难和艰苦，就有可能挖掘出潜在的能力，点燃自己的小宇宙，在事业的广阔天地里大有作为。

在众多的职业经理人当中，我一直喜欢吴士宏。读完她那本《逆风飞扬》，很长时间都被她的故事震动着，惊叹着。一种强大的生命力随着涓涓流淌的文字注入我的内心，让我跟着她变强大，变强韧。一个身患绝症生命几乎看到尽头的女人，怎样顽强拼搏成为跨过外企“金字塔顶尖”的人？

刚刚进入 IBM 公司时，吴士宏做的是“行政专员”，几乎与打杂无异，什么都干。吴士宏自己回忆说：“我扮演的是一个卑微的角色，沏茶倒水，打扫卫生，完全是脑袋以下肢体的劳作。我曾感到非常自卑，连触摸心目中的高科技象征的传真机都是一种奢望，我仅仅为身处这个安全而又解决温饱的环境而感宽慰。然而这种内心的平衡很快被打破了，有一次我推着平板车买办公用品回来，被门卫拦在大楼门口，故意要检查我的外企工作证。我没有证件，于是僵持在门口，进进出出的人们投来的都是异样的眼光，我内心充满了屈辱。”

这段生活对吴士宏影响非常大。她身处一群无比优越的真正白领阶层中，感到了巨大的压力，她常常觉得自己真的没有能力，没有价值。但是，压力很快变成了动力。吴士宏努力学习，勤奋上进，就像不断有鞭子抽打着她，驱使她往上走。没多久，她就通过了严格的专业考试，由“蓝领”摇身变成了当之无愧的“白领”。当时 IBM 在中国成立了独资分公司，相应的中国员工也就从外企雇员变成了外资独资企业的直接雇员，原先个人升迁方面的一些障碍也开始消解。在此之前，应聘外企的本地雇员是不可能成为经理的，现在突然开启了一线机会的天窗，吴士宏突然意识到，原来在本地雇员的这一群人中间，她已经走得稍稍靠前了一些。“野心”就此开始萌发。很快，她成了经理，又成为华南区总经理，前前后后，她用了 13 年的时间，从一个前台的接待员做起，历任销售代表、销售经理、华南区总经理、网络计算战略研究员，一直做到 IBM 中国区经销渠道的总经理。

吴士宏曾经回忆，她去 IBM 面试的时候，去的是五星级标准的长城饭店。当时她站在门外整整 5 分钟，她看到各种肤色的人从容地迈上台阶，毫无闪失地踱进转门，进入到另一种世界。它像西方小说里盛装的贵妇人，辉煌而傲慢，而彼时的吴士宏却是以一个温饱不保的求职者身份略显卑微地进去找工作。她暗自下定决心：任何门都不能阻挡我。

是的，任何人都不能阻挡我们。古人常用水来比喻女人，强调女人的软弱和随遇而安。但是他们忘记了，水也是有区别的，一旦洪灾泛滥、巨浪滔天，那种万夫不当的气势与力量是人类轻易阻挡不了的。不管是 20 岁还是 30 岁，那仅仅是岁月赋予我们的一个生理标签，只要我们还想折腾，还有小野心，小追求，那就抓紧时间点燃它，不要让希望在初始阶段就变成绝望，不要让火花在未燃起之时成霜。

3. 分泌工作荷尔蒙

有人说，恋爱中的女人最美丽。这可不光是一种诗意的描述和赞许，而是有科学依据的。恋爱刺激我们身体里的雌性荷尔蒙分泌。荷尔蒙控制着我们身体新陈代谢的化学钥匙，当荷尔蒙转动钥匙时，就刺激脑、肠、肌肉、生殖器官与皮肤的细胞工作。我们全身所有细胞多多少少都受荷尔蒙这把神秘钥匙的影响。恋爱时期，由于我们太爱、太专注于身边这个男人，体内荷尔蒙分泌旺盛，新陈代谢循环迅速，身体里很多垃圾都被迅速排除体外，整个人都处于一种兴奋、鲜活的状态，眼睛更有神采，身姿更显轻盈，连步态都更加矫健自信。所以，姐妹们如果觉得自己现在不够漂亮，抓紧谈个恋爱吧，或者跟男友、老公重燃激情，恋爱吧！

啊，大事不好，跑题了……其实，是想说说荷尔蒙分泌跟身体状况的关系，然后拐弯谈工作的事，竟然一不小心跑偏太过。罪过罪过！

现在，说工作的事。简单说，跟工作恋爱，专注其中，你会获得跟恋爱一样的奇妙感受。要不怎么那么多“工作狂”其乐融融陶醉其中呢，没错，就荷尔蒙闹的。著名出版人郝明义有本书叫《工作 DNA》，虽然没有在生理学上跟咱剖析 DNA 是怎样左右人的工作热情的，却在另一个角度告诉我们：工作让人快乐。

真的，工作可以让我们快乐，只要你认真沉浸其中。

一直以来，我们都醉心于这样的美丽画面：端庄大气的宋美龄在国际政坛叱咤风云，用自己流畅的外语和卓越的口才面对世界宣讲自己的理念；娇小瘦弱的林徽因与梁思成一同考察古建筑，吃苦耐劳，不论古庙荒斋还是断壁残垣都遮不住她作为女人的美丽光辉；时尚先锋香奈儿对众多追求者不屑一顾，我行我素，“经济的独立才是个人幸福的象征”是她向时代投下的重量级战书；齐眉刘海大眼睛的奥黛丽·赫本笑颜如花，定格成全世界唯一一位公认的“公主”……

究竟是什么力量让她们如此气定神闲、举重若轻？她们在工作。她们专注地投入到自己的事业当中，乐此不疲，引以为傲。对于她们来说，工作不仅仅是谋生手段，更是她们愿意为之付出的重大事业。她们有自己的生活，宋美龄在灯下缝补衣衫的照片打动了无数“美龄迷”，林徽因的爱情故事更是被无数粉丝津津乐道，香奈儿和赫本的佳人佳话更是说不尽道不完。她们可以放弃工作在家享乐吗？当然可以，宋美龄、林徽因自不必说，原本就出自名门；香奈儿和赫本是名利双收，要“回归”主妇生活易如反掌，但是她们离不开自己的工作，她们专注于工作的神情丝毫不逊于恋人。如果说恋爱中的女人因荷尔蒙分泌变得更美丽，那么，她们的美丽便是因为跟工作谈了一场永不停歇的恋爱。

我的女朋友们中间有几个传说中的女强人，聚会的时候总免不了“矫情”一番，说些老板好烦啊、工作好无聊啊、真想歇歇之类的话。但是，哪怕是刚刚说完这些话，一个电话打过来，上级或者客户，她们会立刻恢复干练有素的模样，神采奕奕，眼神明亮，眉宇间英气逼人，刚刚放松的慵懒神态立刻被收敛，恢复成英姿飒爽的花木兰模样。那是有别于“楚楚动人”、“千娇百媚”的另外一种美，那是职业的、精干的、自信的美，她们心中有追求，目光中就有憧憬，她们看到的不是眼前小利、小爱、小生活，而是追求更大的赢局，要为更多人做更好的事，为家庭创造更好的生活，谁能说这样的女人不美？

4. 仰望蓝天，更要脚踏实地

“当一个女子在看天空的时候，她并不想寻找什么。她只是寂寞。”

当年看安妮宝贝的书，被这样一句话惊艳得半天不能动弹。那会儿，觉得自己简直就是她说的那个寂寞的傻孩子，干脆一直仰脖子看天算了。现在想想，也许那女子只是颈椎太痛在运动吧……不是我不明白，是年纪变化快。不是我不解风情，是我远离文艺了。也不是我不寂寞，只是没时间寂寞了。

若是十几岁二十几岁，把寂寞当成口头装饰语，拿出来矫情一下，还是很有味道的事，就像林妹妹扛把锄头葬花、拿块手帕写诗，在风刀霜剑的大观园里，这种缠绵悱恻的多情人引得多情公子空牵念。可是，年纪一天天大了，咱不能总是傻痴痴想这种虚无缥缈的事吧，“风月”关注太多，自然就不懂得“风云”，自己男人都被人抢走了，咱干作诗流泪呕血有什么用？咱得变强悍，斗智斗勇跟现实中的恶势力作斗争！

所以，少花点功夫看天，多花心思看地。地比天实在，摸得着，踩得到，不会让你软绵绵身陷五里雾中，连咋死的都不知道。看地还能让你避开障碍，不让石头绊倒；即便绊倒了，也不至于绊倒第二次。林妹妹，死就死在不看路上。或者说，她死就死在看清了路却不知道怎么走上。林黛玉对宝玉的一片心，瞎子都能看到了。她看天的时间实在太长，她看月亮，看落花，看秋来春去，看风刀霜剑，她看得太多了，只是看不到脚下的路。紫鹃明白她的心，让她自己为自己争取未来的幸福，她却只想一件事：自己孤苦伶仃，没爹疼没妈爱，毫无幸福可言。她巴望着宝玉能帮她把未来的路打理好，带着她顺顺当当走下去，聪明如她者竟然想不到，宝玉在那个家里也是完全做不得主的。至少，在娶亲这件事上，他无能为力。

林黛玉不寂寞么？她必定寂寞死了。她只能跟鹦鹉说话，跟丫头交心，欲将心事付瑶琴，知音倒是有一个，却丝毫不能帮她解决问题。他知道她的心，他让她“放心”，但是，最终，他还是伤了她的心。若是仰望蓝天有用，林黛玉肯定已经望出颈椎病了。

路在咱自己脚下，走得怎样，都得靠自己。林黛玉的悲惨下场告诉咱广大姐妹一个最重要的事实：别寂寞了，找路要紧。咱不是有宏伟目标么，咱不是要大好前程么，咱不是要幸福美满的好日子么，那就别瞎耽误工夫了，别期期艾艾嘀嘀咕咕说寂寞了，麻利儿做事去。要么，认认真真工作踏踏实实挣钱；要么，找一靠谱男人接管他的钱；要么，就跟寂寞死磕把寂寞坐穿……只是，别把寂寞挂在嘴上每天闲人一样地坐井观天。就是看出花来，日子还得自己过！

5. 女强人是怎么炼成的

曾有前辈用一种无限沧桑的口气跟我说：女强人都是逼出来的。要是家境好，要什么有什么，哪个女人会跟自己过不去，拼死拼活地劳累挣钱呢？说这话的前辈，出身农村，根正苗红苦出身，一个人满载全家人的殷切期望走到城里孤胆奋斗，吃过不少苦，受过不少累，指责她的人有，误解她的人有，但是她挺着，想尽一切办法为自己、为家人谋幸福。终于，她熬出了头，自己的生活改善了，全家人都跟着沾了光，自己的孩子也被送上了平坦的职业轨道。她回首自己这大半辈子，用了一个字总结：累。

这样的前辈，我接触过很多。或者说，他们那一代人，都是这么过来的。苦巴巴地熬着，盼着，拼着，没有人可以帮他们，只能自救。说是“铁娘子”丝毫不足为过。当她们跟我讲述奋斗史时，总爱说一句：你们赶上了好时候啊！好像我们这一代就不用吃苦了似的。

其实，前辈们小看了我们这一代的压力。从物质条件上讲，可能确实好得多，所谓起点高嘛，想吃什么基本都能吃得到，想穿新衣服也能穿得起，虽然说不上物质供应极大丰富吧，可也没饿着没冻着，物质文明和精神文明比她们丰富得多。可是，正因为我们起点站高了，对生活抱有的期望值也就更高了。老一辈的梦想是从农村转到城市，“农转非”成为多少家长、孩子的心病，我还记得小学时有个同学是“农村户口”，她自己自卑，别人也会对她议论纷纷。可是，风水轮流转，这才多少年，矫情的城市人又开始向往农村和田园，一边奋斗着要在城市里买套蜗居，一边又叫嚣着想到乡下买个小院子。这一来一回，欲望指数已经翻了好几番了。放到上辈人身上，能够在城里有个体面工作就是“成功”；我们现在呢，炒几次老板、升几次职加几次薪、年薪上十万、有房产有汽车有投资无欠款，也才勉强算是成功吧。时代不一样了，诱惑多了，评判成功的标准也高得多，所以，想成为女强人，还得受更多的苦，忍受更多的寂寞和委屈。

曾经，我信誓旦旦要成名成家，没学法律没玩金融，咱搞文学总行吧；赶不上李清照张爱玲，咱追张小娴吴淡如总行吧。咱赚不了几个亿几千万，咱买个别墅弄辆宝马总行吧。别乐，我当初就是这样一个无知无畏的文学青年，一边做着小众而不靠谱的清高文学梦，一边想着发大财一夜暴富的丝毫不符合经济规律的美事。后来，紧赶慢赶地追了一阵子，写了一阵子，忽然发现自己是个白痴加脑残，忽然发现自己原定的那些个目标根本就不靠谱。女强人之所以强，就是能够把那些细小、琐碎、繁杂的小事都做好，把那些寂寞的岁月、艰难的时刻都挨过去，她们用自己的一腔心血铺垫起成名之前的路，从默默无闻到功成名就，走了很远一段。而我，什么都没有，没有社会阅历，没有天赋异禀，没有行业经验，对这个世界一无所知，就凭自己会耍耍嘴皮子会弄弄笔杆子（现在该说敲键盘）就能一下子飞黄腾达？女强人不是这么个当法滴！

作为一个靠码字为生的人，不能不关注最有钱的一个“码字人”——“哈利·波特之母”罗琳。这位经历过婚姻失败和穷困潦倒的女人，现在却成为英国最富有的女人，她所拥有的财富甚至超过了英国女王。够强吧？这份“强”来源于哪里？坚忍，坚韧，坚持。

大学毕业后，罗琳只身前往葡萄牙寻求发展，在那里她认识了一位记者，并与他坠入爱河、建立家庭。但这个家庭建立的却并不完美和牢固，她的丈夫在婚后开始暴露出自己的本来面目，殴打甚至将她赶出家门。伤心欲绝的罗琳不得不带着刚刚出生三个月的女儿回到英国，住在一间冬天连暖气都没有的小公寓里靠救济金过活。为了让女儿吃饱自己饿肚子是经常的事儿，穷困潦倒让这个女人看起来似乎已经没有了光明。

若是按照老一辈的传统观点，她应该尽快找个“正式”的工作，从老板那里领工资过活。或者找个可靠的老公，托付终身。然而，罗琳没有屈服于传统观念，她始终相信自己的命运并不会仅此而已，更相信自己一定可以渡过难关。学习英国文学的罗琳从小就喜欢写作和讲故事，她梦想着自己写的故事可以成为像格林童话那样享誉世界、传承不息的经典。这个梦，曾经一度由于结婚生子而搁浅，此刻，又在她的头脑中浮现出来。哈里·波特的形象在她眼前越来越清晰，她必须抓住灵感迅速把故事写出来！生活的苦难并没有打消她写作的积极性，她每天都不停地写，甚至经常为了省电省钱跑到咖啡馆里写一整天。

“或许是为了完成多年的梦想，或许是为了排遣心中的不快，也或许是为了每晚能把自己编的故事讲给女儿听。”罗琳用这样的话解释自己的坚持。正是这种信念的支撑帮她度过了人生中最苦难的时期，她推出了第一本改变自己命运的《哈利·波特》，并且被翻译成 35 种语言在全球范围发行，引起世界轰动，成为出版界的奇迹。

从一个贫困潦倒的单身妈妈到跻身富豪榜的畅销书作家，罗琳就是这样一点一点熬出头的。有人逼迫她吗？没有，她心甘情愿选择以写字为生，追逐自己的梦想。所以我想，女强人不是被生活逼出来的，不管是我文中提到的那位前辈，还是哈里·波特的作者 J·K·罗琳，应该说，她们是被自己的梦想牵引着，一步一步勇敢走到那个位置上。生活不是为所欲为，想做什么就做什么。可是换个角度看，我们真的可以做一切想做的事，只要我们能够坚持。所谓强者，就是能够战胜自身、环境的局限，不断挑战自我，超越自我，然后改变环境的人。所以，不要把女强人人为地妖魔化，更不要神话，只要我们坚强些，克服一个个困难，迎接一次次挑战，就是强者。呵呵，这么想着，我又开始做畅销书作家的美梦啦……

6. 傍款，未遂

“女人的梦想就是不劳而获，男人的梦想就是妻妾成群。”某男在某次聚会上侃侃而谈，害得我们若干知性美女想拿手边的臭鸡蛋丢他——无奈手头没现成的臭鸡蛋，迫于物价上涨的压力，随便用鸡蛋丢人也是不理智的行为，所以不再动手，而是口诛笔伐。

批判了人家一阵子，掉过头来又想，哎，女人要是真能不劳而获也很好嘛！不用辛苦打工挣钱，不用为了稿费写那些无病呻吟的句子，不用看老板看客户脸色。倘若我有个有钱的老爸多好；倘若我老公是个大款多好；倘若某天我接到一份律师公函告诉我海外有个亲戚挂了留一大笔遗产给我多好……想入非非实在是件过瘾又无伤大雅的事，只不过，梦想终结之后，还得笔耕不辍，赚稿费先！

假如，我是说假如，能够不劳而获，还是很美好的。

基于这样的出发点，我的女友艾伦有过两次“傍款”尝试。第一个款是“小款”，用现在时髦的话说，那是个“潜力股”，但其潜力绝对大于一般的潜力股。人家有车有房无贷款，父母都是高级知识分子，退休之后返聘回去讲讲课还拿不少百元大钞呢。小款供职于某银行，也是有个“长”字头衔的。媒人跟艾伦描述其良好条件的时候，自己的口水都忍不住往外冒。艾伦春心荡漾，没有理性地问一句：“那么好，你自己怎么不留着呢？”

见面约在一家咖啡厅，小有情调。潜力股小款先生很绅士很贴心地为艾伦点了咖啡和蛋糕，甚至想到了要无糖蛋糕——他觉得女孩子都会发胖。艾伦窃喜，觉得自己遇到了传说中的深情款款男。殊不知，接下来的对话丝毫不深情。小款先生直言不讳："男人就是负责在外面挣钱，女人就是负责在家花钱，别看你是硕士，也跳不出这个圈子。"艾伦忽然就被蛋糕卡了嗓子眼儿，差点儿没噎死。虽然自己私底下确实有点"不劳而获"的小心眼儿，可是当众被揭穿，面子上还是那么不堪呀。

艾伦以她硕士的睿智为自己辩解着："我自己有能力，有工作，可以养活自己。我就算嫁了一个经济条件好的男人，也不指望他养我。"

小款从鼻孔里哼出了一声，然后说："呵呵，你还蛮有骨气的……"

这次"傍款"事件不欢而散，艾伦为了证明自己不是为"傍款"而来，还主动为两个人的咖啡点心埋单。后来我们一起指责她傻："你不就是要去傍款嘛，怎么人家说出来了，你又变卦了？"

"我……我……我就是受不了他那个腔调！我自食其力的，干吗仰人鼻息！"显然艾伦把自己的"傍款"看得比较神圣，心理可以不"纯洁"，嘴上却不能说难听的话。

第二次傍款目标是个真正的"大款"，身价过亿，别说房子车子了，据说还要买船买飞机的。不见则以，一见惊人，艾伦回来之后跟我们说："我这哪里是去相亲，分明是去相面！"大款先生带了专业人士把艾伦从脑门儿到下巴、从五官到身材一通品评，就差把她切成薄片放到显微镜底下看看是"何方妖孽"了。要是真有照妖镜这东西，估计也得照上三照。艾伦自认相貌好、人品佳，却禁不住这种非人虐待，不等相面师傅鉴定完毕就拎着坤包绝尘而去，给了大款一个潇洒的背影——估计他对她的后脑勺印象尤为深刻。

两次傍款未遂事件给了艾伦一个警钟：世界上没有不劳而获的好事，想不劳而获等着男人养，更是难上加难。经济学告诉我们，一切产出都是要先有资本投入的。那些“嫁得好”的，真的不用辛苦劳动，坐享其成吗？恐怕未必，这些女人都有一番苦衷，需要忍受很多无法向外人道的委屈。特别是婚前自己工作干得不错，经济独立，结婚之后就没了收入的，“钱景”更是一片灰暗。过惯了“我的金钱我做主”的逍遥日子，伸手跟老公要钱怎么能行？退一步讲，就算没有“吃人嘴短，拿人手短”的苦楚，“嫁得好”的女人们也都不是闲在家里好吃懒做的，她们聪明，能持家，会经营人际，把上上下下老老小小都伺候得井井有条，算得上是现代版本的“王熙凤”。有了这份本领，如果进入职场，势必是个女强人。也就是说，她们具备了“干得好”的本领，弃置不用，选择嫁人生子。说来说去，如果你不是一个含着金汤匙出生的有钱公主，只是一个寻常百姓家的姑娘，就不太可能靠嫁人来一步登天。要么自己奋斗，要么找个老公一起奋斗，总之，不劳而获这件事，不靠谱。

7. QQ 和甲壳虫的区别

很汗，我花了很长时间弄清楚奇瑞 QQ 和大众甲壳虫的区别……这还是从外形上看。区分两个车的标志，花费了我更长时间。我就是传说中的汽车盲一个。若不是有一阵子迷上了开心网的停车游戏，每天不断地停车、买车，借此认识了很多车型，我到现在或许还弄不清现代、本田和丰田的区别。

尽管如此，我还是喜欢车（“拜托，你是喜欢坐车，或者蹭别人车，你这个没出息的搭便车的。”闺蜜一直这么批判我）。也许，这是骨子里一种好逸恶劳的惰性体现？我觉得在车里可以看窗外风景，可以胡思乱想，可以听听音乐，或者把脑子放空，什么都不想。

就算不是坐私家车，坐公交车也是很好玩的事。有段时间，我住在海淀区的北边，靠近西苑总站，很多车在那里始发。闲的时候我就坐上一趟车，找个靠窗的角落花八毛钱来个“全程旅行”。我就是这样逐渐熟悉了陌生的北京城，熟悉了陌生的海淀区。那是北漂生活刚刚开始的日子，摇摇晃晃的旅程载满了对未来的憧憬和向往。当然，也有很多委屈是洒在公交车上的，丢过钱包，被人踩到，甚至有在单位受了委屈，坐公交车回家时忍不住掉下眼泪来，众目睽睽之下暴露自己的软弱。

女人跟车是有着密不可分的关系的。古代闺秀，出门哪有一脚土一脚泥走路的？脏了绣花鞋是小，被不相干的人看到了脸是大。藏在轿子里，坐在车子里，才有自己的尊严。她可以透过窗子看外面，外面却不能随便看到她。而这家里的男人，也是有责任保护自己的女人的，但凡生活条件好些，也要弄顶轿子给自家女人坐。想那水泊梁山的李逵，在寿张县充当县令时，教训了不孝儿子，紧接着就让那不孝儿子花钱雇辆轿子把老娘接回家去，而那老太太也感激地说：我是生平第二次坐轿。

第一次，当然是出嫁那天。不管穷富，出嫁那天都要坐轿，那是一种对富裕生活的向往，也是一种美好寓意。就像今人结婚的婚车，明明是寻常百姓娶亲，即便家里没有汽车，也要花钱雇个车队，新郎新娘还必定要弄辆名车打头阵，要么奥迪，要么宝马，要么奔驰，为什么？不光是为了炫富或者看着风光，主要还是一种美好的寓意在里面：姑娘嫁过去，要多享福，少受罪。

这就可以理解，为什么很多女孩子找老公一定要“有车有房”了。房子是栖身之所，车是出门在外的栖身之所。油价再高，也挡不住人们对外出时私人空间的渴望。在自己的方寸天地里，手握方向盘，感受驾驭的快感，冷热温度都可以调，可以选择自己喜欢的音乐，可以摆上自己喜欢的毛绒玩具，可以按照自己的意愿来点儿车内装饰。车盲如我者，尚且对车有如此之深的喜好，广大姐妹们也要鼓起勇气，大声对自己说一句：“我要车！”

车让我们更温暖，车让我们更舒适，车也让我们更方便，更省力，在分秒必争的职场战役中占有先机。那些有驾照的人，在应聘的时候都要比没有驾照的人更有优势。想想美国吧，孩子成年就要去考驾照，这个本本几乎能够跟身份证一样使用。在中国早晚也是这种趋势。所以姐妹们，不管你分不分得清 QQ 和甲壳虫，这都没关系，考个驾照，体会一下开车的乐趣吧。买辆属于自己的小车，就当添置一个心爱的玩具，即便是跟老公吵了架，跟男友分了手，开着自己的小车到郊外兜兜风，打开天窗看看那满天的星星，心情也会很快好起来。

8. 拥有小姐的脑子，别做丫头的事

2009年，好友安澜结了婚，夫妻俩蜜月回来之后请我们几个好朋友到她家做客。几个女人凑在一个新婚女人的身边，免不了还是叽叽喳喳问人家“家务事”：谁做饭，谁洗碗，过年去谁家，薪水归谁管。安澜是非著名理财专家，家里的财权当然是在她手里，说到家里的各种具体家务活，安澜神秘兮兮地说：“谁都不干！”

“啊？那你这饭菜谁做的？”Q妹当时正手捧一块安澜“亲手”做的蛋糕大吃，听了安澜的话，她竟然吓得不敢吃了。

“你们来，我就亲自下厨给你们做，这可是超级优待！平时，就是请来的小阿姨做饭！”

“哎，你这么早就过上少奶奶生活了，我要啥时候熬出头哇！”Q妹继续享用蛋糕。

“你就是不会动脑子，放着小姐生活不过，非得当丫头！”安澜一语中的，说到了Q妹的要害。也事实如此，Q妹属于小家碧玉型，凡事都喜欢亲自动手，家里曾经请过小阿姨，但是她觉得人家哪儿做得都不到位，总要自己亲自动手再弄一遍。后来连小阿姨都不忍心了，说：“姐姐，您还是把我辞了吧，您把我的活儿都抢着做了。”送走这个，再来一个，情况照旧。后来Q妹干脆不再雇人，样样自己动手。自己动手，丰衣足食，可是也真累呀！

老公在书房看书，安澜跟我们几个姐妹淘东扯西扯，分享她的持家经验。她说，女人，就得把自己从琐事中解放出来。结婚前妈妈一再叮嘱她：“结婚之后第一顿饭坚决不要做！”为什么？很简单，你如果做了第一顿，以后顿顿都要你做。安澜妈妈的言论真的是经典中的经典啊。安澜说：“说真的，我也挺想给老公做饭洗衣服的，可是我发现，生活琐事永远做不完，我不能把宝贵的时间都用在这上面啊。我又不是全职太太，我还有工作上的一大堆事要处理呢！我必须把自己的双手解放出来，让小阿姨去做具体的工作，我只要指挥她就好了！”

安澜在证券公司上班，每天除了关注国内金融状况，还总要关注地球另一边的消息，所以经常要折腾到凌晨才睡觉。要是再耗费时间去处理家务活，那铁打的人也受不了。她往往是在脑子里把所有的活儿都“干”一遍，想好怎么做，再逐一吩咐给小阿姨，她只要做好“监工”就行了。用职场上的话说，这叫“先放权再监督”。

在传统的观念里，女人结了婚，就必须照料老公及其家人的饮食起居，简直是个“保姆”。可是，我们现在的职业女性不可能做到事业、家务两不误，那就应该修炼这种掌管家庭的能力。“手不沾水”就是专门用来形容这样的生活。

我们从小就被教育要“勤劳”，要“爱劳动”，所以，往往那些抢着做粗活、脏活的人都会受到众人的表扬。但是，细心观察你会发现，绝大多数“傻干”的人，一辈子都要埋头傻干，甚至得不到别人一句赞扬的话。

不只在家庭生活上是这样，在职场上也是这样。“现在努力做这些事，迟早会有好日子找上门来。”这种虚幻的期待终究只是期待而已，它不会成为现实。多数情况下，每天做牛做马并没有换来好日子，这是为什么？俗话说苦尽甘来，如果人生以这样的方式运转，岂不是太不公平了吗？

这背后的原因就是：你把自己定位在了“苦力”上面，而不是管理者。家里家外其实一样，有做具体事务的，有从事管理工作的。很多人抱怨，某某某什么都不干，就动动嘴，凭什么比我挣得多？对，那个人动动嘴指使别人去做，自己就是那个坐享其成的人，而在老板眼里，这叫“管理能力”。如果你不想当那个干苦力的冤大头，如果你也想“动动嘴”就把任务做得又快又好，那就尽早培养这种管理能力，用“小姐”的脑子想问题，然后找个“丫头”给你做事情。记住，小姐就是小姐，丫头就是丫头，媳妇可以熬成婆，丫头却成不了小姐。

9. 先学“放手”，再学“下手”

“有一种爱叫做放手!”自从这样一首歌红遍大江南北，我女友冉冉的脑子就被彻底洗干净了，整天像看破红尘了似的振振有词：“放手!放手!”其实，天没塌下来，地没陷下去，只是一个恋了三年的男朋友分手了，害得冉冉差点儿没出家当姑子去。幸好，她听到了一首歌：《有一种爱叫做放手》。

放手就轻松了。市面上有很多这种书，掰开揉碎给人讲“放手”的意义，教人“舍得”的学问。星云大师不是也教人先舍后得么，可见，放手是一件多么崇高伟大的事。

可是，话又说回来，要是咱都放了，活着还有啥意思？咱积极进取的野心这么快就灰飞烟灭？男人不爱了，放手；客户合作不愉快了，放手；工作进展不顺利了，放手；钱挣得难了，放手……照这么个放法，放眼中华大地，要听取念佛声一片了把。

要我说，放手，是为了更好地下手。

2010年年末，大S和内地富二代汪小菲高调订婚，让多少人跌破眼镜。我一闺蜜是大S的粉丝，趴在电脑前密切关注每一条关于他们俩的动向，恨不得找俩专职狗仔队去搜他们的八卦，这俩人到底是炒作，还是动真格的？在大家议论纷纷之时，大S在自己的微博上写下这样的话：“一直以为，面对爱情要学会何时放手，现在警觉学反了，其实该学的是如何下手……”或许，正是她学会了及时“下手”才获得一份好姻缘吧。

我们中国的传统教育里，总是“让”字优先，小孩子要学孔融让梨，说孔融在选梨的时候把大的让给哥哥吃，自己吃小的。这个模范事例几十年如一日地被当做榜样教育孩子们。反过来想想，孔融是多么聪明、甚至有点狡猾的小孩。他放弃了一个梨子而已，却收获了大人们的夸赞，以及无穷无尽的疼爱，甚至后世的传诵。要是他当时人小鬼大能够有这样的谋略，那还真是该跟曹操好好斗一斗——可惜他最终没斗过曹操。他小时候懂得让梨，长大了却不懂得让利、让权，好端端的总要在公开场合跟权臣唱对台戏，最终自己被杀不算，还株连全家。还是“放手”一课没学好哇。要是他想开点儿，汉室不行了，衰败就衰败呗，跟他有什么关系，先放任曹操不管，等有本事的人来收拾他，他最终还可以多写几篇好文章祭奠先祖和先皇。他不放手，不放过曹操，曹操只好对他“下手”了。

先放手，再下手，放手是为下手打掩护，下手不成就先放手。这是古人无数实战总结出来的经验教训。看那林黛玉，眼睛离不开宝哥哥，心儿牵挂着宝哥哥，真个是“才下眉头又上心头”，结果怎么样，做不到“放手”，又不懂得“下手”，活活把自己给憋屈死了。而宝姐姐呢，从来没对宝兄弟太过留心，更未表现出动情的模样，要么进宫，要么找个门当户对的大户人家，反正人家总能有好去处的，何必在你这贾家一棵树上吊死？人家是真正放得开的人，关键时刻也会让妈妈姨妈们帮助“下手”，终究打败了最强劲的对手，顺利持证上岗。可见啊，做人也好，做事也罢，该放手就放手，放完之后就想办法下手，别乱了方寸，更别错了步骤。

第五章

聪明女人要会“算”

大观园里的女人都得做淑女，也都是书女。老太太曾谦虚地说：“她们读什么书，只不过识几个字，不是睁眼的瞎子罢了。”但是这群人结诗社、行酒令，无一不是出口成章，典故一个赛一个多。正所谓“腹有诗书气自华”，女人一旦有了书卷气，灵魂也仿佛得到了升华，变得与众不同起来，书让女人抛弃了浮华、摆脱了庸俗，仿佛一坛陈年佳酿，虽不清冽但却醉人。读书让女人的学识、阅历迅速增加，于是人也就自然变得成熟。该读什么样的书自然也是需要慎重考虑的问题。你侬我侬言情的小说只会越读越傻。倒不如看些理论性强些，能够辅助我们心灵成长的，或者有助于我们处理各种职场、生活难题的实用性书籍。在书中学习做人的技巧、处世的方法，让我们的人生如意小算盘打响快乐的乐章。

1. 相信自己一定 “能”

歌唱组合S·H·E要解散，听说这个消息之后我觉得很遗憾，因为她们的歌有很多我都喜欢，出去KTV的时候也经常唱。若是她们解散了，又会少很多姐妹淘一起happy的曲目。S·H·E有首歌叫做《超可能》很好听，曾作为电视剧《杜拉拉升职记》的片头曲，细听这首歌的歌词，它唱出很多女人的心声。

“超越你眼里认定的我，那是挑战隐藏版的快乐。谁说我很脆弱，就偏要不低头。我劝你不要小看我。谁说我像烟火，就要美得不陨落。自信女人什么都有可能，一个人至少有一种天分，越是相信什么越发生……”

每一个女人都有无穷的潜力亟待发挥。在以前的社会，给女人很多束缚，女人的舞台只有家庭那么一点点大，结婚之后更是要围着公婆老公和孩子转，自己很难有一番事业。大观园里的探春不是也感慨：若是个爷们儿，我早出去了！

现在，女人可以“出去”了，我们被束缚的那一份天赋可以自由地发挥出来，你是“铁娘子”也罢，“女超人”也罢，只要你想，就可以去争取，去奋斗。我们是不是应该窃喜，是不是该庆幸？可偏偏就有人丢掉了一个旧枷锁，又给自己安上一个新枷锁，在满大街唱着“我要飞得更高”的同时，很多人躲在自己的角落自卑着，害怕自己“不能”。

小麦是我读研究生时认识的一个姐妹，现在我们是好朋友。她比我大三岁，却比我晚一年才进研究所，因为她花了三年的时间“害怕”。小麦大学毕业之后跟同学男友结了婚，两个人一起到南京打拼，都属于“漂一族”。她一直很想读研究生，但是不忍心让老公一个人去承受巨大的经济压力，所以她暂时放弃了自己的这个梦想，先进了一家外贸公司上班。先生存，再发展，这是她为自己设计的轨迹。

很快，两个人在南京的生活安稳下来，老公的经济状况好了很多，老公跟小麦说，你去读研究生吧，不要给自己留遗憾。但是，小麦却犹豫了，她发现自己已经不能离开工作，不能离开家。她发现学校里的“小孩子”跟她这种上班族的差别非常之大，她开始怀疑读研究生是件非常不靠谱的事。于是，她开始了长达三年多的“纠结”。一会儿，她觉得循规蹈矩做个朝九晚五的上班族不错；一会儿，她又渴望回学校深造，为自己挣来更广的人脉更高的平台。她憧憬着在学校充电的美好生活，又担心自己融不进那个环境里去，更害怕自己进了学校就丢了家，老公、公婆会埋怨她。就这么左右权衡着，她都要有心理问题了。后来，老公说：“其实，你只是在害怕，你担心自己考不上。你一直是个很自信的人，怎么关键时刻成了胆小鬼了？”

一语惊醒梦中人，老公的话激起了小麦的斗志，她鼓足勇气报名参加研究生考试，接下来就是漫长而艰苦的复习。有半年的时间，小麦把自己关在屋子里，断掉家里的宽带，不开电视，苦哈哈地背考研参考资料。以前的同事问她：何苦这么为难自己啊。小麦说，我要证明我能行。终于，皇天不负有心人，小麦当年考取了研究生，成为我的“师妹”，并且用两年的时间提前毕业，又考上了国家公务员，成为手捧“铁饭碗”的“官太太”，让我们羡慕不已。

很多时候，我们为自己找种种借口，时间不够，经济条件不允许，得不到支持，专业不对口……其实，最根本的原因是不够自信，害怕自己“不能”。心中潜藏了一个叫做“自卑”的小恶魔，它总是让你逃避，让你退缩，迟迟不敢行动。你所要做的，就是赶走这个小恶魔，让叫做“自信”的天使来引导你，为自己唱一首歌：“我就想要，要我自己会选择；我就想要，要我无法被预测；要把低潮忘成梦，把高潮唱成一首歌；我就想要，要我能走出雪崩；我就想要，要我值得被看重；我就想要，要把误解都打破，把了解蔓延成了感动……”我们是心中有天地的新时代女性，只要我们想做，就有无限的“超可能”。

2. 淑女、书女与熟女

淑女，书女，与熟女，三个词出现的时间不同，排名分先后，一个比一个时髦。淑女是传统意义上的大家闺秀、世家名媛，现在可谓越来越少；书女是爱看书的女人自我标榜杜撰出来的美称，貌似也越来越少；熟女最近两年才热起来，泛指那些事业有成、阅历丰富、心理和生理都够强大够成熟的女人，看这时代发展的势头，这样的女人是越来越多的。

这三“女”看似非同类，但是仔细研究研究，却有一个奇妙的联系：淑女不一定是熟女，熟女不一定是淑女，但淑女和熟女必定都是书女。可见，书对于女人来说是个不可或缺的物件，每周读一本书，一年下来就是五十多本，你可以看到五十几个不同的人生，吸收五十几个人跟你讲述的精华，你的灵魂该变得多么强大。

大观园里的女人都得做淑女，也都是书女。老太太曾谦虚地说：“她们读什么书，只不过识几个字，不是睁眼的瞎子罢了。”但是这群人结诗社、行酒令，无一不是出口成章，典故一个赛一个多，如果真的不读书，岂不被人耻笑？正所谓“腹有诗书气自华”，女人一旦有了书卷气，灵魂也仿佛得到了升华，变得与众不同起来，书让女人抛弃了浮华、摆脱了庸俗，仿佛一坛陈年佳酿，虽不清冽但却醉人。

尤其当女人到了一定年纪，外表不像小姑娘那般青葱水嫩，让自己炫耀的资本越来越少，瓶瓶罐罐的化妆品、护肤品能让你看起来像“画中人”一般美丽，却无法让你灵动起来。这时候，只有通过内在的提升为你添几分神韵，罩一层神采。读书的初衷也许并不是为了让自己美丽，但是却真的可以达到让自己美丽的效果。书所带给人的智慧是任何化妆品都不可能呈现出来的。读书让女人眼界更宽、心胸更广，对人生的态度和思考问题的角度也随之发生了潜移默化的改变。小到日常生活，大到人生命运，读书让女人在面对大小问题时懂得分寸，任何时候都能够做出明智的抉择。

读书让一个女人的学识、阅历迅速成长起来，于是人也就自然变得成熟。成熟对于女人而言绝不是一个贬义词，它意味着对自身的发掘和认同，意味着对现实的认识越来越清醒。爱读书的女人，是为了更多地读懂生活、读懂自己。而书也成为女人最好的饰品，让你的美从骨子里透出来。读书，凝神，静气，养性，让你的“青春”无限期延长。读书的女人外表沉静、气质优雅、内心平和，让靠近的人也跟着受了感染，变得安心、安逸，这种人谁不喜欢?

当然了，该读什么样的书自然也是需要慎重考虑的问题。只喜欢读你侬我侬言情小说的女孩一抓一大把，这种东西跟电视剧、相声小品的功效等同——娱乐。若是你跟着它一同做春秋大梦逃避现实生活，那只会越读越傻。倒不如看些理论性强些，能够辅助我们心灵成长的，或者有助于我们处理各种职场、生活难题的实用性书籍。“人如其所读”这句话不可不信，你填进腹中的是珠玑还是杂草，时间久了自然会从脸上呈现出来。所以，不如把用来看肥皂剧的时间用来读一些文学、哲学、军事、历史、文化、人物传记以及实用类的图书，只要读进去你就会发现你以前认为枯燥的东西细细品味还是很有意思的。你涉猎的内容越广看问题的角度就会越全面，心境也就会越开阔，在朋友中自然也就越受欢迎，保证他们对你有“士别三日，刮目相看”的感慨。

太多的女孩子，出了校门就换上“书本恐惧症”，巴不得再不看一眼书，或者以工作太忙、事情太多为由，永远没有时间看书。你若向她推荐一本认为不错的好书，她会说：我只喜欢看电视剧，在电视剧里也能学到东西啊。没错，我们都是“电视儿童”，伴着电视机长大，跟电视结下不解之缘。但是，一个不读书只看电视的女人，缺少那种掩卷沉思的淡定，没有红袖添香的雅趣，更难拥有书香中玩味文字之美的情趣和耐心。二十岁在看肥皂剧，三十岁还看肥皂剧，四十岁依旧看肥皂剧，五十岁更离不开肥皂剧……一个女人的一生，就成了拖沓冗长的肥皂剧，也难怪很多美好斑斓的梦都破灭了！

3. 绣荷包之现代意义

古典小说里，大家闺秀或者小家碧玉都绣荷包，不是富贵牡丹就是文雅兰草，里面塞上各种香料，就是华丽丽香袋一个，可以自己贴身留着用，也可偷着送给某个自己相中的哥哥弟弟小白脸，不信，去查查那些私定终身的，多半都是以荷包为信物。林黛玉虽然没这么公然对贾宝玉一“包”定情，却十分在意自己送他的香袋。某次，她怀疑贾宝玉把她送的香袋随意给了小厮，还动气把正在绣的香袋都咔嚓咔嚓剪坏了。

可见，荷包，香袋，对于女人是多么重要的一个物件儿。那不单单是定情物——定情是为什么？为了跟这男人结婚，帮这男人管家，做他的管家婆。管家婆，当然要管他的人和钱。结婚前，这荷包是定情之物；结婚之后，这荷包就要装了男人的钱再收回来。你说说，这荷包能不重要么？一个女人，不会绣荷包，就等于宣布自己不嫁男人，不管男人的钱吧。

现代的女人不用绣荷包，但是依旧喜欢管钱。若是有了男友，甚至嫁了人，在家不掌财权，跟闺蜜们说起来总是件没面子的事。荷包不再，换上名牌钱包，现金也好，银行卡也罢，总得装得满满腾腾，才算是财大气粗吧。那么，女人的包包里究竟能装多少钱，装谁的？

大致归纳一下，有这么几个途径：父母资助、自己工资、老公工资、投资所得、儿女回报。其中，父母资助的部分，到我们走上工作岗位那天起，就应该停止了。原因很简单，你已经是个有劳动能力、能够自己挣工资的成年人了。当然了，中国的父母是世界上最伟大的父母，在他们心目中，孩子永远是孩子，只要他们一天在世，就想为孩子做点什么。从这一点上看，父母永远是我们的"经济来源"。但是从良心上讲，"啃老族"无时无刻不在受到内心的谴责。特别是在房价高得让人咋舌的今天，很多年轻人刚刚走出校园，还没挣钱，先跟父母要出他们的"棺材本"给自己买舒适的房子，这是万万不应该的。所以，我认为，新时代的美女们，如果你不是家财万贯的公主，如果你没有一个希尔顿或者比尔·盖茨那样的爸爸，最好不要一直索取啊索取，该向家里奉献了。

至于儿女回报那一部分，至少要等他们走向社会吧。假设你二十五岁有了宝宝，等到他大学毕业开始上班拿工资，你差不多也就退休了，"花钱"的日子也过去了，所以也不要指望太多。

这么算，女人的所有收入就剩下三项：自己的工资、老公的工资、投资获利。老话说，"男人是搂钱的耙子，女人是装钱的匣子"。意思是说，男人在外面打拼挣钱，女人在家相夫教子，精打细算地花老公挣来的钱。可是现在的社会，似乎已经没有了这样的完美分工（以前的男人真的那么无私奉献吗？我持怀疑态度），取而代之的是各种各样的"财权分配"方式。有的家庭实施AA制，也就是说各花各的，柴米油盐吃喝拉撒两个人都是自己掏腰包；有的家庭在传统的基础上有所创新，即老公给妻子一定的家用，其他收入自己保留；有的家庭实施ABA制，"B"指夫妻建立共同家庭账户用于家庭支出，如：医疗费用、孩子教育、家庭每日开支等，剩余的钱则AA，自行支配；当然，还有以少部分好好先生遵守"祖训"，把自己的钱乖乖交给妻子（此类人必定私藏小金库，否则绝对是稀有物种，遇到的姐妹务必加以珍惜）。

说这些无非要说明一个情况：老公的钱袋子在某种程度上并不就是

我们的。这个事实说出来有点残酷，好像伤害了感情。可是事实就是这样，某位大明星不就是因为无法接受“财产公证”的要求而解除婚约吗？不过也能理解，老公们挣钱不容易，花花世界上诱惑那么多，就算他不出去花天酒地，也少不了被一些奢侈的爱好吸引，单反相机啦，新款手机啦，新鲜出炉的某种竞技运动啦，甚至新电脑新汽车……还有一些老公们非常擅长投资理财，他们懂得买股票基金挣钱，他们喜欢那种掌控金钱驾驭财富的成就感，钱在他们手里能够“生钱”，在老婆手里只能吃银行的利息。总之，男人不上缴工资的理由很多，我们女人的“收入”来源又少了一项。我们可以坐享其成享受老公买的大房子、高档车，但是他们的钱永远存在他们的账户里。

这样做最大的好处就是，“要不要藏私房钱”这个纠结了千百年的难题终于不再是难题。你想啊，都 AA 制了，你的就是你的，还用“藏”么？你要光明正大地攒钱，那些钱都是“私房”的，你只要有本事，想怎么攒就怎么攒，爱怎么挣就怎么挣。所以，一切有志成为“财女”的姐妹们，赶紧行动起来团结一致向“钱”看吧。今天的女人不用再绣荷包，但是要把绣荷包的心思花到投资理财上，学习用钱“生”钱，或者涉足股票、基金，或者买一些名表、钻石、黄金等可以保值、升职的东西，或者自己经营一家实体店、网店，总之，只要你肯动脑筋，肯花心思，用一点小钱做引子，可以让财源滚滚而来。

4. 要开悟，趁早

不知道从什么时候开始，“销售”这份工作受到了社会的青睐，无数精英走上这条路，这条路上又出现了很多精英。最终的驱动力还是“钱”吧，再好的东西，卖不出去也就挣不到钱，所以需要有人去“销售”。懂销售的人在一笔又一笔的大额成交之中捞足了油水。于是乎，一个假象就出现了：搞销售很挣钱。在这种假象的迷惑下，我有几位姐妹先后投身销售行列。我劝她们说，这是一个看似简单实则挺难的活儿，需要天赋和手腕，需要悟性和灵气，不是谁都能做的。她们不听，非常决然，大有“不破楼兰终不还”的气魄。果然，几年之后就见了分晓。

白灵是第一个去做销售的，在一家医疗器械生产企业一做就是七年，如今已过而立之年，事业毫无起色。刚进公司的时候，大家叫她“小白”，后来变成了“白姐”，再后来变成“白大姐”，现在竟然有90后的小孩喊她“老白”。称谓虽然时有变迁，但是职位却没有多少变化，仍然还是多年前就已经达到的二级业务代表，眼看着身边比她年龄还小的同事都已经晋升到了区域经理、省区经理的位子上，白灵却还原地踏步，“涛声依旧”。为此，她只好拿出了“结婚生子”的看家本事。

相反的例子是董岩，她当过老师，后来转行到白灵的公司做销售，不到三年已经做到片区经理的职位上，领导及同事都评价她聪明能干，很有眼色，领悟力强，市场把握较透，客户及下属都很欣赏和崇拜她。公司现在已经把她作为省区经理来培养。

同样都是大学毕业，同样都是在一家单位工作，为何结果却大相径庭？就此，她俩的结论比较一致：悟性使然。因为我们都是熟人，所以无话不谈。董岩忠言逆耳指出白灵的缺点：太“死心眼”，太缺乏对人对事的领悟能力。同样一件事，交代给白灵的话，领导说一，她就做到一，而董岩不但能做到一，还能想到二和三，顺带着做出很多一系列的事情。同样一个问题，领导指点一，白灵就只能记住一，而董岩举一反三，连带着推演出很多相关道理。入行多年，白灵对销售以及市场操作仍然是一知半解，一直“沉不下去”，没有自己的主见，对市场缺乏深入了解和把握，做起市场来不愠不火，不“死”不“活”，以致凡她负责的市场大都是“波澜不惊”，没有大的起色。而董岩早就成了“老油条”，对这个行业门儿清，不但自己做得好，还能传帮带，给后来的新人做示范。这就是前者庸庸碌碌、后者力挫群雄的主要原因。

白灵和董岩的故事给我很大的触动，这“悟性”并不是仅仅是对销售人员才有的要求，而是所有女人都该具有的，不论是在职场中还是生活中，一个“悟”字，是打开众多关节的金钥匙。有了这种触类旁通的悟性，我们可以见微知著，洞察很多事情。

悟性最早是一个佛教用语，取“吻合”之意，就是把一个现象去吻合原本之处。从方法论角度说，悟性就是将已有的经验用于未知的领域，达到触类旁通的效果的思维方式。我们说某个人悟性好，就是他能够很快地理解问题。要做到这一点，脑子里必须有足够的知识储备和经验积累，并且能够把这些跟未知的东西联系起来。有的人看起来反应“迟钝”，其实是脑子里的东西不够用，或者不知道如何把已有的和未知的东西联系在一起。

胡因梦女士曾经总结出开悟的七个元素：1. 能量，使你有足够勇气和耐心来转化自己的人格和人生；2. 决心，即以不动摇的意志来面对挫败和失望；3. 喜悦，以赤子之心轻松地突破障碍；4. 仁慈，学习善待自己及他人；5. 祥和，是一种安静下来的能力，放下担忧及焦躁；6. 融入，专注而忘我地体验眼前的一切；7. 觉醒，仿佛在万里无云的明亮中，一切澄澈而清新。

这其中元素侧重心灵方面的力量，但是可以用来指导我们现实的工作和生活。如果你肯静下心来去悟，一般来说，女人到了 28 岁在认识上会有一个台阶，遇到自己以前不懂的道理，有个人稍微一指点，很快就明白。这也是符合女性七年成长周期的。20 出头时，我们太年轻，别人跟我们说得再多，我们也只当做耳边风听不进去，还跟大人狡辩。但是到了 28 岁，只要你用心去感悟，会忽然惊醒：啊，原来真的是这样！

女性在发散思维方面有着与生俱来的天赋，所以我们应该利用这一生理优势，尽早提高我们的领悟能力。看到一，想到二，追求三，这就是举一反三的常规模式。如果你的职场经验不足，人生阅历太少，就要尽可能多地阅读、倾听，向前辈取经，向优秀的成功人士打听相关情况，以弥补知识积累欠缺这个重要缺憾。“悟”是一瞬间的事，却需要长时间的积累。只要功夫下到了，就会有破茧成蝶的一天。要开悟，尽早啊！

5. 抱怨的智慧

在公司里，沙玫以文静、勤劳而出名。在没有人要求的情况下，她每天都早早到办公室，帮所有的同事擦桌子、泡咖啡，连办公室的地板都拖得干干净净。工作中她也甘愿充当“勤杂工”，其他人任务繁重时叫沙玫为他们跑腿打杂，沙玫二话不说就帮忙。中午订盒饭叫外卖的差事是由她来做，纯净水没有了也是她打电话要人来送，复印机打印机没纸了去要纸，也由沙玫来完成。

又要做好自己的工作，又要帮其他同事的忙，一天下来沙玫觉得特别劳累，这不是她想要的生活。但是，当别人对她笑一笑，说声“辛苦啦”，她又觉得自己的付出得到了回报。她永远抱着这样的一丝幻想：“这样努力做事，总有一天会得到升职、加薪的回报吧？”特别是看了一些教人“不抱怨”的书之后，她坦然地觉得，自己这样任劳任怨的员工就是老板最赏识的员工，升职加薪的日子指日可待！

相反的，同一部门的纪灵，跟沙玫同时期进入公司，虽然常常嘴上说要帮沙玫分担一些事，但是从来没有动过手。她只对业务相关的事情格外专心，总是围着部门主管转来转去，在公司里与同事相处也十分融洽。纪灵想得最多的就是让自己成为这个部门最核心的骨干，还要成为主管最器重的人。

就这样，沙玫和纪灵在各自的职业轨道上忙活着，几年的时间转眼就过去了，境况却大相径庭。沙玫除了靠老资历长了一点基本工资，工作性质和工作状况跟初入公司时差别都不大，她结了婚生了孩子，每天忙忙碌碌满脸倦意。办公室那些杂事她还是大包大揽，混了一个“老好人”的绰号，却连半个新人都指使不动。

纪灵呢，却如愿以偿地升了职加了薪，并调到了期待已久的市场营销部。原来是她从前结识的一位客户提供情报给她，才能在市场营销部有空缺时，及时地调了进去。纪灵也结了婚，但几乎不做家务事，只把洗衣做饭这种事情交代给小阿姨，自己像“少奶奶”一样动嘴不动手。

有时候，沙玫看到跟自己同岁、同时进公司的纪灵过着跟自己完全不同的生活，总是心里暗自伤感：“不能不承认，这真是命啊！有些人不论怎么努力，日子还是那个样子；有些人不论往哪个方向走，前途都是一片平坦。”

真的是“命运”使然吗？未必。实际上，沙玫就是个“不抱怨”的牺牲品。因为她不抱怨，所以公司里面所有琐碎、没技术含量、费力不讨好的活都丢给她。她深受其害，反而没有发觉，还幻想着自己的“勤劳”能够获得回报。要知道，“勤劳”并不意味着让双手变得粗糙，不断给人干体力活，而是意味着用双脚努力地四处奔跑、多动脑子做有价值的事。“用手工作”表示你是在原地被动地完成任务，而“用脚工作”却表示你在不断地适应环境变化，主动寻找新的出路。

不喜欢摸索新的出路、不喜欢动脑的女人，很可能会一辈子活得辛苦。这是因为，她们并没有注意到那些可以让她们脱离艰辛的机会。她们不抱怨，却没有用自己的“贤良淑德”赢得半点相当的回报。更糟糕的是，这种“笨”女人还会主动去寻找同类，跟其他的“笨”女人凑在一起。就像沙玫，觉得自己过得不如纪灵，自尊心受到了伤害，便有意疏远纪灵，而是去亲近那些境况不如她的人。久而久之，她的思路会越发狭隘，目光会越发短浅，更没了脱胎换骨、改变命运的可能性。

很多书在帮老板们给员工洗脑，叫大家“不抱怨”。是的，抱怨解决不了问题，但是，如果你不抱怨，不对自己的不公正待遇发出质疑，你就等于默认自己没价值，别人就会进一步看轻你。

6. 不看文凭看本领

我常想，最厉害的本领都是女人先琢磨出来的。杀手锏的别称叫什么？叫“看家本领”，就是最厉害、最保险、最后才用的招数。古代谁看家，女人看家啊，男人出去干活挣钱，家要全部交给女人来管理，所以，女人必须有个看家本领，保证在面临危险的时候化险为夷。

现在，女人不用“看家”了，但是看家本领不能丢。总要有属于自己的特长，保证自己有一席之地。不管你的生活重心是在家里还是在职场，必须要证明自己的能力，对你所在的圈子有所贡献，这样才能赢得别人的尊重和信任。

咱就拿大观园里的老太太来举例吧，她十几岁嫁到贾家，从媳妇熬成婆婆，再升级成奶奶，那是当之无愧的大功臣。一家老小上上下下都要她操心，虽然有儿媳妇王夫人邢夫人、孙媳妇王熙凤来接手持家的重任，但是遇到大事情，她还是家里的主心骨。这就是古代妇女最大的本领——持家。最后，贾家衰败，值钱的东西尽数被抄走，原有的地产、房产没收的没收、亏空的亏空，眼看着日子就没法过了。老太太临危不乱，搬出自己的“棺材本”，几十年积攒下来的金银财宝一一如数清点一遍，分给儿子侄子和媳妇们。小辈们感激涕零之余，是否也要感慨老太太的理财本领呢？

现在，我们的舞台不限于家那个小小的地方了，我们可以工作，可以开店做生意，我们的智慧有用武之地。但是，从另一个层面来说，过于“宽广”的平台也给我们带来了负面影响，那就是眼高手低，贪多嚼不烂。家务不想做，借口是“上班太忙”；工作没干出个名堂，借口是“无聊”、“不喜欢”、“老板不赏识”、“同事恶意竞争”；生意不会做，借口是“经济不景气”、“客户太奸诈”。我们最终“一事无成”，却还要埋怨生活没意思……真该好好忏悔一番了。究竟是生活没意思，还是我们没把生活过出意思？

很多书都号召女同胞们积极入世，考文凭，考证书，修炼智商和情商，在职场中混经验、学本领，等等。其实这些大而空的道理，乍一看很鼓舞斗志，但过了三分钟热度就会被忘掉脑后。因为它不实用，太空洞。就像我们的学历证书一样，有这个证书，只能证明你受过某种教育，上了那些课程。但是，你真正掌握那些技能了吗？要干了才知道。你想得到某个位置，需要具有那个位置上的人应该具备的能力和素养。

所以，很多用人单位在招聘员工的时候强调工作经验胜过学历，一个业务熟练的本科生，或许比一个毫无工作经验的硕士生还要抢手。同样道理，你去相亲，男方不会问你看过四大名著吗，看过希区柯克的电影吗，看过相对论理解能量守恒定律吗？他只关心，你做饭好吃吗，愿意生孩子带孩子吗，孝敬父母吗？如果你说自己看过菜谱也看过关于生育方面的书，他会觉得你回答得驴唇不对马嘴，或者仅仅是纸上谈兵。

女人做“书女”是好的，但是如果只会读书不会动手，那也很麻烦。书里的东西毕竟是有局限的，是片面的，理论性很强。通过书本，你可以懂得大道理，但是现实生活是有细碎具体化的小事情组成的，大道理无法告诉你解决问题的方法，所以，你需要跟前辈、长辈请教。本领就是在这一问一答、实践性的指导操作中逐渐形成的。我有好多高学历的女朋友，她们读书一流，考试一流，也写不少文章、出版不少专著，可是在实际工作中、生活中还是会很茫然、很焦虑（我自己也是这副德行啦），归根结底还是光顾着考文凭，而忽略了练本领。书要看，本领也要练，我们不能偏重某一方，也不应该过分抬高某一方。只能说，过了 20 岁，我们不能沉溺在书本构筑的那个微型小世界里，需要走进这个活生生的光怪陆离的大世界，去见识，去经历，去发现，去感悟，去修炼更加真实而生动的生活本领。

7. 青春这个主，要怎么做

很佩服赵宝刚导演，每一个电视剧都能吸引众多目光、引发一轮争论，并且打造出一句标语式的语录。“奋斗”已经够豪迈了，之后又有了“我的青春谁做主”，真让人热血沸腾、豪情万丈。咱不妨顺着电视剧的思路来个借花献佛，跟大家说说关于“为青春做主”这件事。

毫无疑问，自己的青春要自己做主。但是，怎样做主才不亏待自己呢？少不经事的人就喜欢自由自在，不想让大人管着，一门心思要做自己想做的事。好，没人拦着你。可是，你有没有想过，你做主做砸了怎么办？谁替你收拾烂摊子？

看看《我的青春谁做主》里三个姐妹，有两个都是明明白白知道自己要什么的人。大姐赵青楚，这名字就够牛，“照清楚”，她清楚自己想要什么工作，想要什么男人，想要什么生活，也清楚要如何实现上述目标。她够理智，够强势，貌似能够为自己的青春做主。老三李霹雳，真可谓“一霹雳”，骗过父母说自己在剑桥上学，实际上偷偷跑去学烹饪，还溜回国内开了个餐厅。后来李霹雳餐馆经营不善，更糟糕的是“假留学”事件东窗事发，被爸妈一顿狂批之后，由女强人妈妈来“擦屁股”，教她如何经营，如何打理生意，这才一步一步走向成功的路。也勉强算是为青春做主吧。只有老二钱小样最混沌，不知道自己要做什么，稀里糊涂地混在北京做着“发财梦”，还一不小心爱上一个穷小子，俩人一起受穷。在恋爱这个问题上，钱小样的家人都反对，可她偏偏要自己做主。后来呢，男友进了监狱，她要学历没学历要本事没本事，只能靠“准姐夫”帮着在公司里找了个差事，一点一点从文秘做起。虽然后来也算个“小白领”，但若是没有姐姐姐夫的帮忙，她这个青春算是彻底废了。

看了半天，没有“我的青春我做主”的豪迈，反倒又跟着电视剧的名字思考开了：我的青春到底谁做主？我自己做得了主吗？这姐仨虽然各自选择了不同的道路，背后还是有家人、高人帮衬着，指点着。换做别人，这个“主”要怎么做？你看那么多为了“自己做主”的女孩男孩们，朝不保夕地在北京、上海漂着，是自主了，却自主得很狼狈。二十几岁挥霍几年不算啥，可到了三十岁，还这么浮萍一般地生活吗？啥时候是个头儿？

想为自己的青春做主，就得学着规划，不但要定目标，还要知道实现目标的途径在哪里。别学大观园里傻兮兮的林妹妹，她自认没爹没娘，没人给她做主，自己又做不了主。贴身的紫鹃劝她去求老太太做主，这是个靠谱的提议，但林妹妹不敢、不好意思，只能把所有希望寄托在宝玉身上。这不是痴人说梦么？宝玉连自己的主还做不得呢，哪里顾得上她？所以，主意要自己拿，主要自己做，敢作敢当，还要学着如何把这个“主”当到底。从来没有“救世主”哇，电视剧里的人都有贵人帮，咱一没家世二没背景，就得自己帮自己，自己就是自己最好的背景。

为自己做主，就是给自己做规划，不管是正常还是生活，都得规划。二十几岁要做的事不能拖到三十几岁，因为三十几岁还有三十几岁的任务和责任。规划对一个女人有多重要，年轻的时候我们是很难体会到的。在拥有大把青春的时候，选择什么职业、过什么生活看起来都不是什么值得思考的问题。然而年纪越大越会意识到，选择怎样的职业、如何打理自己的生活是一件多么要紧的事。

工作太忙没时间恋爱，光顾着恋爱忘了挣钱，这都是规划做得不好，没有掌握工作生活之间的平衡所致。其实说起来，做规划也不是太难的事。早有人帮我们设定了这样的轨迹。著名的美国歌手 Sophie Tucker 建议女孩子们：女人从出生到 18 岁，需要好的家庭；18 到 35 岁，需要好的容貌；35 到 55 岁，需要好的个性；55 岁以后，需要好多钞票。这其中，除了“好的家庭”我们不能左右，其他都是可以实现的。不要总拿“我没背景”、“爸妈帮不了我”做借口，有背景的人毕竟是少数，所谓“贵人”也多半是要你在后来的工作和生活中自己去结识的，这也是规划中的一部分。你以为那些靠贵人提携的人，真的都是“偶然”遇到的么？有多少人穷尽心思、想尽办法、牵线搭桥去拜望名人，为的就是改变自己的命运，让命运朝着自己期望的方向转呀。

所以，聪明的女人要趁早为自己做规划，过一天算一天的女人迟早要后悔。即使不想做女强人，哪怕只是为了自己不被适者生存的社会所淘汰，做好自己的人生规划也是很有必要的。

8. 好女人都是好学校

“好女人是所好学校。”这句话耳朵都要听出老茧了。夫妻之间闹矛盾的时候，老人多半会这样劝女方，让着老公，培养老公，把老公从一个思维大条的傻小子培养成一个好男人。在二十岁出头的时候，我最恨这句话，觉得男人这么不争气，凡事都得女人教，他们还整天自以为是心高气傲，凭什么呀！后来，年纪大了些，我重新品味这句话，忽然悟出了点儿新的东西。好学校有好的口碑，人人都夸赞；好学校让人放心，谁都愿意靠近；好学校自身也在不断完善着，更新着，走在时代的前列。更重要的是，一所好的学校有沉淀，有底蕴，时间越久越让人信服、爱戴。若是女人能够修炼到这个境界，是多么荣耀的一件事。

让我有了这样“觉悟”的关键性人物，是一位读了博士又当过两年老师的姐姐。我在一次会议上跟她认识，并成为好朋友，她的很多话、很多事对我影响极为深刻。

那个时候，博士姐姐担任某高校的老师，教课，同时又任班主任，就像一群大孩子的保姆，她又读着在职博士研究生，身边还有一个七岁刚上学的儿子要调教。繁重的课业、教学任务和教子任务同时落在她肩上，我这个旁观者都替她担一份心。但是，不管什么时间，不管在哪里，自习室也罢，图书馆也罢，教学楼也罢，我见到这位姐姐时总是画着精致的妆容，带着满面微笑。在她面前，我毫不吝惜夸奖：“姐姐，你真是一个好妻子，好妈妈，好老师。”她浅浅笑说：“你不如直接说我是个好学校，校园环境好，教学质量高，学费低廉！”这个玩笑真贴切！我说，能够修炼到你这个程度的没有几个。博士姐姐说，不，所有好女人都是好学校，只是我们教授的专业不一样。

博士姐姐说，我们做老师的，每一年都要面对年轻的学生，你讲述的是几年不变的教材，面对的却是不断花样翻新的孩子，你必须跟上形式，更新自我，用他们能接受的话来讲课，他们才愿意听你的。同样，你自己的孩子也在成长，你要跟上他的步伐，知道他在想什么，这样才不至于让母子之间出现隔阂和代沟。至于夫妻，还是要抱着“研究”的心态去看对方，站在老公的位置上想问题，琢磨琢磨他为什么高兴，为什么难过，为什么发脾气，如果我跟他意见不合，要怎么沟通，怎么说他才能接受。所以，我们女人总要先备课，再上课，认真准备人生这堂课，才会成为一个好老师，进而成为一所好学校，让我们身边的所有人跟我们在一起的时候都能收获快乐和安全。也只有这样，我们在老公、孩子面前才有说服力，才能做好一个真正的女主人，不是么？

就是循着这样的思路，博士姐姐把自己的工作、家庭都打理得井井有条，学生喜欢她，老公依恋她，孩子亲近她。博士姐姐这番话，我到现在还记得非常清楚。虽然毕业离开校园之后我没有当老师，但是，“好女人都是好学校”的观点我一直铭记，我希望身边的人都能够在我身上得到快乐，有所收获。希望自己能够成为“好学校”。

要做到这一点，耐心最重要。初入职场的时候，作为新人，有很多“江湖规矩”我不懂，冒犯了前辈得罪了人还不知道，犯下很多幼稚可笑的错误。后来，幸而遇到“老师”指点，说出了我的毛病，我悉心改正才算是找到了出路。后来，我也逐渐熬成了职场的“前辈”，见有新人来，就仿佛看到了当年的自己，愣头青，认死理，不按规矩办事。我尝试着做老师、当学校，跟他们讲一些实用的道理。很多人听了之后对我表示由衷的感谢，也有一些人嗤之以鼻，对我这些“职场厚黑”不感兴趣。这个时候，再想继续扮演“好学校”的角色，就得靠耐心和爱心。逐渐地，新人们在实际工作中遇到了困难，知道我跟他们传授的“秘诀”是多么重要，于是明白我的“用心良苦”，发自内心地向我说了句谢谢，我心里真是十二分地高兴。这绝对不是“好为人师”，而是一种分享的快乐。

同样，这种耐心也给我的生活带来很多收益。恋爱、结婚、处理家庭关系，都需要耐心，需要理解，需要沟通。两个人在一起难免有磕磕绊绊，如果没有“好老师”的那种付出精神，如果不懂得跟男人、跟老公的家人沟通的技巧，就很可能由于交流不畅而引发更多的误解和矛盾。可偏偏男人不像女人这样细心，他们更关注政治和体育，想的更多的是如何挣钱发展事业。所以，我们还是要多学一些与人沟通的艺术，担当起家庭中的润滑剂，逐步让老公不知不觉进入我们设下的“陷阱”，同时心里还高高兴兴以为自己领导了咱！

其实想想，工作也罢，恋爱也罢，经营家庭也罢，都是在打点关系。我们在与人互动的同时影响别人，把自己的意愿潜移默化地灌输给对方。对上级、对同事、对下属、对家人，都需要你把自己的想法表述给对方听，然后让他们按照你的意愿来做。从这一点上看，女人就得学着做一所“好学校”，把领导培养成你的“梯子”，把同事培养成你的“同盟”，把下属培养成你的“士兵”，把老公培养成家里的“顶梁柱”，你就是运筹帷幄决胜千里的女主帅啦！

9. 做手足，不做衣服

老话儿说：兄弟如手足，女人如衣服。这是大男子主义的代表型宣言，对他们来说，有助于成就他们的事业的兄弟就那么几个，无论如何不可或缺；而女人作为“玩物”、“尤物”，满天下都是，只要他们乐意，随叫随到，可有可无。所以，他们并不把女人放在眼里，关键时刻总是舍女人而保兄弟。

针对男人骨子里这种轻视女人的特点，我们可以总结出一条女人的生存哲学，那就是：让自己有用，且有大用。

为什么手足重要？因为有用，而且没有就不行。虽然我们需要衣服蔽体，但是那毕竟关系不到生死存亡，穿二十块钱的衣服跟两万块钱的衣服在本质上没有区别。手足可就不一样了，四肢健全的正常人比残疾人活动起来要方便得多。所以，如果我们想让自己人前显贵，想得到重视，就得想方设法成为别人的“手足”。不管是感情还是事业，“I need you!”比“I like you!”和“I love you!”都更加稳定和牢固，一个被需要的人总是在人们的潜意识中占有优先权，也是人们最不想放弃，也最舍不得放弃的那一种人。

所以，对女人来说，有用比可爱更重要。让自己成为一个有用的人，才能时刻被关注；才能让老板离不开你，在职场中赢得更多的主动权；才能让男友、老公离不开你，让他们围着你转，而不是你委曲求全日日夜夜守着电话盼着短信牵挂他们。一个有用的女人是被需要的，被需要本身就是一种财富，就是一种跟老板、老公讨价还价的本钱。

美国前国务卿，被称为“白宫黑玫瑰”的赖斯，就是这样一个有用的女人。赖斯在15岁时便成为丹佛大学的学生，主修英国文学和美国政治学。她能讲一口流利的俄语和法语，并弹得一手好钢琴。在老布什总统任内，赖斯就是老布什的东欧问题顾问。当时苏联解体、东欧发生剧变、柏林墙倒塌等一系列的历史事件，赖斯都在幕后出过不少力。老布什曾经说过：“我对苏联事务的所有知识都是她传授给我的。”小布什当选为得克萨斯州州长的时候，老布什感到赖斯应该会对儿子的前途有用，于是便安排赖斯与小布什见面。赖斯当然没有让老布什失望，赖斯为小布什的政治生涯出谋划策，在小布什当选总统后她也成为国家安全顾问，进而成为美国国务卿。赖斯用她的实力证明了老布什的想法，自己的确对小布什“有用”，不仅如此，她对美国乃至整个世界都是“有用”的。

有用的女人到了哪里都会发光，就像赖斯那样不管是在台前还是在幕后，甚至回到学校做教学工作，都丝毫不能减损她的光芒和价值。因为不论到了哪里她都是被需要的那种人，都扮演“手足”的角色，她可以跟老板讲条件、抬身价，有用的女人就是具备这样的优势。

不单是在老板面前，在男友、老公面前也是一样，做一个被男友、老公需要的女人所获得的情感一定比一个需要别人的女人所得到的更加长久和可靠。任何依附关系都存在潜在隐患，一个看起来再漂亮的东西如果没有任何用处，时间久了也会被拥有的人束之高阁。不要以为女人能干就不会有男人爱，男人也许一开始会被女人的外貌所吸引，但是再动人的外貌都会有看腻的时候，真正让男人们离不开的是那些有用的女人。

无论是事业还是爱情，能够彼此需要是维持基础稳定的必要条件。

一个毫无用处、可有可无的女人，随时都有被取代的可能，既然换另一个人也没有多大影响，那别人也就没有必要对你过于珍惜。只有让自己变得无可替代，才能在感情上受到重视，在事业上受到重用。你越有用，别人才能越尊重你，才能越肯定你的价值，你也才不会整天为自己的前途、财富、爱情、人际担心。因为你根本不必担心，没有人想离开你，相反的，他们害怕的是你会离开。

10. 聪明女人要会 “算”

曾经有位比我年长、持家有道的姐姐说，那些日子过得幸福美满的女人不一定是智商150以上聪明绝顶的女人，但一定是懂得轻重缓急会掂量进退取舍的睿智女人，她必须会“算”。这话让我印象极为深刻。

古代女人不学算术，但是能把家操持得井井有条；现在的女人受了高等教育数学学到微积分，却不一定能够把柴米油盐的开销弄清楚。为什么？因为不会“算”。这个算，不是单纯的加减乘除运算，而是心中的小九九，小算盘，是权衡利弊得失的能力，是取舍之间平衡关系的分寸和尺度。

想想看，职场打拼也好，谈婚论嫁也罢，哪一样不要你算？

无论是打工还是创业，其本质无外乎向老板或客户“出卖”自己的有形或无形产品。既然是出来卖的，就得卖个好价钱，就得算。你要卖相好，要敬业，还不能嫌弃买货人。所以，咱得保持美丽，咱得多做事少抱怨，咱得看在钱的分上要适当妥协。慢慢也就知道什么要争取什么该舍弃了。

以前我们说“付出总有回报”，现在辩证了，讲“付出不一定有回报”，你想得到五分回报可能要付出十分。这时你还得算，咱怎么个付出法儿才能事半功倍？

年纪一天大似一天，对这个社会的规则和潜规则越看越透，终于相信，这个时代的规律就是没有绝对的公平竞争。接受这一点，然后武装自己投身到轰轰烈烈的不公平竞争中去。顺应规律而行，于是开始计算降低道德底线收起卑微无助的怜悯之心我们到底可以得到多少好处。

争取半天的愿望没有实现，一要怪自己学艺不精，二要怪自己运气不好，然后赶快行动起来争取下一个愿望。前面投入的时间精力，统统算做沉没成本。勇于承担沉没成本是出来混的第一课，这也是“算”的一门学科。

至于婚姻恋爱，更得算。要不要跟谁恋爱，要不要跟谁结婚，都是精挑细选精打细算的结果。为什么林妹妹不能爱上焦大或者薛蟠？因为不符合“算”的规律。谈恋爱的条件，就是让自己从精神到物质，从灵魂到肉体，因为有了对方都比从前的状态更好。否则何必呢？

男人对你好不好？有了肯定答案才能嫁给他。如果婚前他就对你一般，也不要指望他会在婚后对你更好。如果恋爱时期你就对他有诸多不满，在心里计算结婚的可能性，那就索性不要结婚，结了也要后悔。

如果你不能爱一个男人的本尊，而是爱上你期待中的他的话，你会一直失望，而他会因压力过大而沉默和崩溃。所以，就算你已经为他投入了很多时间和钱，该离开的时候也要利索点离开。不要为了吝惜那一小部分付出就用后半辈子做永久的偿还。勇于承担恋爱的沉没成本，是展开新生活的前提。

老人说的道理大部分都是对的，比如结婚要找个踏实顾家的男人，但是这些道理只有在谈上两三个让你遍体鳞伤的恋爱后才会明白。撞了南墙自然懂得回头。两个人最终过起日子来，“也就那么回事”已经是非常好的结局。

成功的感情关系里，爱情是一定会转化成亲情的。亲情就是 Happy ending。亲情就不需要“算”了吗，照样需要。世界上任何一种关系都是需要花金钱和时间去维护的，区别只在多少。所以，别在“关系”这档子事上太过于斤斤计较。这也是会算的女人的精明之处。尤其是婆家娘家的关系，更是没法一对一、一比一地去算，总会有稍微倾斜和稍微偏袒的时候。聪明的女人，这时候就需要穷尽“算”之能事，尽量让这个情感的天平持衡，不丢失重心才能站得更稳。

幸福的女人，都是算出来的。家里家外，哪儿都得算。所以，女人不比男人轻松。想做一个“好”女人，被人称道，光鲜体面，事业爱情双丰收，不容得半点懒惰和闲散。诺贝尔不给咱颁奖，咱自己也得好好犒劳犒劳。

第六章

小女子亦要识大体

薛宝钗到贾府的时候，并没重点介绍，但是，宝钗很快就征服了贾府上上下下的人。她“年纪虽大不多，然品格端方，容貌美丽，人人都说黛玉不及”，“又行为豁达，随分从时，不比黛玉孤高自许，目无下尘，故深得下人之心，就是小丫头们亦多和宝钗亲近”。宝钗为自己赢得好人缘，以至于林黛玉心生不忿。宽容，懂事，能以身作则，言传身教。这样的女人能给人温暖，能在她身上学到东西，是名副其实的良师益友。不但男人喜欢，女人也喜欢亲近，林黛玉正是因为自己做不到，心生妒忌，由此而发出不安。所以，当我们二字头年纪越来越短，逐步向三十岁迈进，适当学一点薛宝钗的处事方法和为人修养是百利无一害的。撒娇耍赖可以一时获得别人的宠爱和迁就，时间长了，男女朋友恐怕都会对你敬而远之啦。

1. 谁是好命女

不知道从什么时候开始，“好命女”这个词成了出版界的大爱，很多书都是教人如何做“好命女”。要是真追究起来，这样的功课应该精子卵子在结合之前各自还单身的时候就好好钻研钻研，以便更好地投胎——投胎到好人家，才算是有了“好命”嘛！一旦受精卵结合成功，小孩在娘胎里成了形，那就毫无选择了呀，生下来是什么命就是什么命，这改不了。

命改不了，那就选择转运。大多数“好命”人，不是生下来就好命的，而是靠后天自己的努力改变境况，追求更好的生活。相信自己好命，是开始转运的第一步。

“你相信什么，你就能成为什么。”这种看似唯心主义的言论有时候蕴涵着巨大的能量。因为你的人生应该怎么过，完全是由你自己来掌控的，你心里想的是什么样子，那么你的行为就会朝着那一方面去发展，尽管有时候这种发展你并不曾发觉，但是它就是那么在默默滋长蔓延着，也因此让你的生活发生了潜移默化的改变。你之所以成为今天这个样子，想想看是不是你的潜意识在作怪？

看到过一些小城镇出生的女孩子，高中毕业甚至初中毕业就在自己所在的小县城托关系找个工作，每月拿几百块的工资，然后找个“差不多”的人家嫁过去，重复着跟母亲那一代人差不多的生活。她们偶尔会抱怨，对象却是自己的父母，怪他们无能，不能帮自己找更好的工作，不能帮自己挑更有钱的老公。她们觉得自己的命不好，没生在富贵人家。她们还责怪父母没远见，没让她考大学然后去大城市“发财”。总之，她拮据的生活就是父母造成的。

在我看来，这些女孩子的埋怨有一半是合理的。史蒂夫·毕德甫在一本书里写过这样一句话：“不幸的父母会在子女的头脑里，不断地记录自己的不幸。”也就是说，父母总是把自己的生活经验传授给子女，让他们按照自己的方式生活。遇到苦难，他们就说：“活着就是受罪呀。”没有机会发财，他们就说：“咱就没有那种命。”久而久之，孩子就被灌输了一种“甘愿受苦”的思想，然后自然而然照着父母的话去做，重复过着贫困拮据的生活。

但是，反过来想，这些孩子为什么完全不愿意抗争呢？真的有很多女孩通过自己不懈的抗争和努力，走出贫困狭小的村镇，到大城市里打拼，然后过上了与父母完全不同的生活，她们的努力并非漫无目的，而是早就明白了命运和人生选择并无必然的关联，因而选择了与父母完全不同的道路。

想与父母过着截然不同的生活吗？那么在尊敬爱戴他们的同时，要冷静地评价他们的心理倾向和选择模式，分析原因。很多人把父母的穷困和不幸归结为“人太好”、“没有运气”等原因，但是，如果仔细追问父母曾经在人生岔路口作出的选择，就会发现他们生活贫穷的缘由。如果你是一个敏锐的人，应该早已看出父母不幸的原因，并且着手改变自己。但是，仍然有不少相当聪明的人并没有意识到，自己正在不知不觉中效仿着父母以往错误的选择过活。

所以，如果你想改善现在的生活，如果你希望得到更好的生活，就需要有勇气打破传统观念的束缚，别动不动就“认命”。命在你自己手里，你想它怎样，它就会变成怎样。父母的教诲固然要尊重，但是仅仅是参考而已。你要不断给自己增加正面的心理暗示，心理暗示越积极，你现在的境况就会越好；相反的，你的心理暗示越消极，你现在的境况就越糟糕。你想要成为什么样的人、获得什么样的成绩，都取决于你是否已经在心里种下这样的种子。如果你相信自己能，你就一定能，如果相信自己不能，那就真的不能了。信念就是如此重要，无论是对于男人还是对于女人。

这个世界上其实本没有什么“奇迹”，真正的“奇迹”就是你自己。每个人都有自己的梦想，但是因为缺乏了“我能”的信念而让“梦想”分裂成“做梦”和“幻想”，当然也就没有了实现的可能。幻想自己“能”的人很多，相信自己“能”的人却少之又少。所以便有了少数人的成功和多数人的平庸。你的世界因你的想法而改变，只是你自己却把那当成了理所当然，你也就理所当然地被世界遗忘了。

2. 我世俗， 我骄傲

“天上掉下个林妹妹。”这是贾宝玉对林黛玉最中肯的一句评价，在他心里，林妹妹就是“神仙妹妹”。倒是应了现在网络上流行的观点：女孩子都是折断翅膀的天使，由天上掉到人间，需要有人保护。神仙也罢，天使也罢，不就是一中一西嘛，只要你来到人间，还就得按照人间的规矩活着，世俗一点。若是还要固执坚守着天上的行为方式，那恐怕是要吃苦受罪了。适者生存，这是亘古不变的道理呀！

大观园里谁世俗？谁脱俗？答案不言自明。按文艺青年的思路，就算是“死”，也不能变成薛宝钗那样心机重心眼儿多的大俗人。所以，才有“锦囊收艳骨，净土掩风流”的评价给黛玉。可是你反过来想想，薛宝钗那样有什么不好？人家成了贾家明媒正娶的媳妇，该掌权就掌权，这在古代，就是一个女人的最高殊荣，要搁现代，就是当然不让的CEO。女强人们整天喊打喊杀，为的不也就是这么个代表着权力和金钱的头衔么？

想起台湾艺人李倩蓉那句话：“女人想命好，就要不为难自己。现在的女人，已经有足够能力去过自己想要的好生活，有的条件甚至比男人还好。但是，就算什么都做得来，也不要什么都抓，把自己逼到极限，那不叫满足，而是身不由己。”林黛玉，就是太过为难自己了，把自己逼到了非宝玉不嫁的绝境，最终含恨仙逝。

讲个世俗的故事。发生在我身边。好友钱颖是那种张嘴闭嘴没正形、眼珠子骨碌碌乱转、三句话不埋汰人就难受的家伙，而且最“忌讳”别人跟她谈钱。如果你很严肃地跟她说：“颖子，我有个事儿要跟你商量。”她立马过电似的瞪着俩大眼珠子说：“别跟我借钱，姐们儿我最近手头紧呐!”为此，我们常常调侃她，应该改名叫“钱眼儿”。

生人初识钱颖，会觉得这个女人不仅世俗，而且“俗”。但是，只要你跟她熟了，就会惊叹她是一个财商高得惊人的了不起的女子。她看中钱，并且非常会理财。她大学毕业刚刚参加工作的时候，月工资1500块，而且没有正式编制。五年之后，她的月工资翻了十倍不止，还不算股票基金等红利。她在北京房价刚刚呈现上涨趋势的时候果断出手买房，现在她跟老公在北京已经拥有三处房产，据说，身价要上千万了，“钱眼儿”变成了见钱眼开的“钱箱子”。但是，钱箱子绝对不是铁公鸡一毛不拔，她也会开口往外“吐钱”。她帮爸爸妈妈在老家买了房子，还供弟弟读大学读研究生。如果亲戚朋友急需用钱跟她借，她绝对不会装穷不出手，但是她有两个基本原则：好借好还，救急不救穷。

钱颖这样解释自己的金钱观：“这几年我过得很辛苦，就是为了挣钱，钱不怕多，越多越好。这个世界上谁跟钱有仇呢？衣食住行哪一样不要钱？父母把我养活这么大，我得回报吧？孩子只能生一个，我得努力给他创造好的物质条件吧？咱不是唯利是图的人，但是钱真的很重要。我不会为了钱做没良心、坑人害人的事情，但是如果有赚钱的机会，我绝对不放手。”

你可以说钱颖很世故，很现实，很野心勃勃，但是不得不承认，她活得脚踏实地，真正是凭智慧和胆识得到她想要的生活。某位强悍的姐姐说过这样的话：“女人有两种，假正经与假不正经，假正经女人招人烦，假不正经女人招人爱。”那些被称为很“世俗”、张口闭口谈钱的，不过是带着“假不正经”的表象罢了。相比较起来，有很多“假正经”

的女人就让我们敬而远之了，她们口口声声说自己不爱钱，但是“穷小子”追求她，她是看都不看一眼的；她们喊着“平平淡淡从从容容才是真”，但是头上戴的身上穿的脚下踩的，无不带有名牌的标签；她们耻于谈钱故作清高，真正的原因可能是荷包里真的没什么钱。很多“月光族”跟“假正经”的情况差不多，过着“今朝有酒今朝醉”的生活，快活一天算一天，不知道明天怎么办。这样的女孩子，如果是二十岁，貌似可以再挥霍几年，同时幻想嫁给一个多金男；如果到了三十岁，依旧没有存款，也没有找到多金男当老公，岂不是要成为小辈们耻笑的“欧巴桑”?

所以我觉得，身为女人，像钱颖那样“钻钱眼儿”不是错，到了一定的年纪还摆出“视金钱如粪土”的架势才是不明智的选择。钱是一个好东西，能够让我们吃得开心、穿得赏心、住得舒心、玩得开心。有了钱才能供养我们的父母、帮助我们的朋友姐妹，有了钱才能让我们过得更幸福、更有尊严。如果可以选择，没有任何人愿意放弃宽敞明亮的大房子而选择阴暗潮湿的小简易房吧？所以，我们不做唯利是图的人，不把钱当成生命的第一要义，但是一定要爱钱，要尊重钱，要看重钱，要客观地认清钱这个东西在社会上的价值。

3. 脑子里的“橡皮擦”

第一次随着韩国电影声泪俱下，是看那部《我脑子里的橡皮擦》，女主角得了失忆症，要把脑子里的回忆慢慢都忘记。她逐渐忘记家在哪里，逐渐忘记跟爱人的点滴回忆，直到最后，彻底忘记心爱的人。她想在记忆消失之前彻底离开他，但是，他不放手，不同意。若是脑子里真有一块橡皮擦，随意擦掉那些不开心、不高兴、不满意、不欢喜，多好。只可惜，要遗忘的都是那些拼命想记住的美好。悲剧效果由此而来。

明明是部电影，偏偏赚走我太多眼泪。不知道从什么时候开始，我们的时代患上了种种“选择性”病症。选择性失语，选择性失忆，选择性自闭……其实，我们还是爱这个世界的，只是太多太多的失望令我们心里那扇敞开的门不得不暂时性关闭，只对某个人、某件事选择性开启。

“一切都是暂时的，一切都会消逝。一切逝去的，都会变成美好的回忆。”少年不识愁滋味的时候，读普希金的诗，觉得其中道理太肤浅。那时心里黑白分明，对自己“讨厌”、“憎恨”的事恨不得咬上几口来解恨。我认定不愉快的事情会永远成为心底的烙印，那个让我“不爽”的人会是我一辈子的仇人。后来，没用多少年，这个人的相关记忆就从我的记忆里消失了，偶尔听别人提到他的消息，心中竟有几分惊惧：啊，我竟然都忘了！

看来记忆自己就有“橡皮擦”功能，随着时间的流逝，它自然而然就把那些不美好的东西屏蔽了。仔细想想，或许，人脑的这种特殊机能正是暗合了经济学原理的。在经济学中，有个词叫“沉没成本”，指的是已经付出且不可收回的成本。由于过去的决策所造成的成本损失已经成为既定的事实，是不能由现在或将来的任何决策而改变的，这样的成本就是沉没成本。沉没成本有一个重要的特性——无关性，也就是说，不管采取怎样的措施都已经无法挽回已经损失的成本，因此，心理学家指出，对待人生的沉没成本最好的办法就是不再考虑它。这个法子完全可以应用到我们心情不好的时候。那些无能为力的遗憾、无法弥补的过失不都是沉没成本吗？既然已经与你无关，无法挽回，何必再为它愁苦懊恼！

沉没成本远远不只是感情方面的，友情、人情、职场、生意场，处处都有这样一厢情愿又无能为力的事。有时候，你很希望跟某人化干戈为玉帛，人家偏偏不买你的账；有时候，你很想跟客户坐下来谈谈，人家就是不同意；有时候，你尽心竭力写了一个策划案，老板偏就看不上；有时候，你说尽好话，某同事就是跟你对着干……生活中充满了这种琐碎的小事，你要是逐一计较，真把自己累个不轻。倒不如，让脑子里的橡皮擦把它们都擦掉。不求事事无亏，但求事事无悔，只要你能做的都做到了，即便结果不是最满意的，你也可以泰然处之。

很多事都是这样，付出和回报不成比例，很难让人把握。因此，对于那些不尽如人意的“过去”，不要耿耿于怀。任贤齐怎么唱来着：“该放就放，再想也没有用，傻傻等待，他也不回来……”时光一去不复返，不光“他”不会来，“它”也不会回来，一分一秒，一块钱，一个机会，一件衣服，等等，都是“过去时”了。在心中把他们都变成“过去式”吧，加个 ed 的后缀尾巴，帮你更好地认清眼前的状况。既然错过了 A，就不要再错过 B，否则，接下来的 CDEFG 一系列选择都要浪费了。

4. 想哭就哭，哭完就算

某天，听家里的小表妹戴着 ipod 独自哼哼：“爱了就算，没有负担，爱了就算，别为难……”我随口说：“苏慧伦的歌吧，好听！”表妹嘴一撇说：“什么苏慧伦啊，是郑秀文！”

嗯？我明明记得是苏慧伦跟成龙唱的嘛！百度一下，哦，以前是苏慧伦唱的，后来郑秀文翻唱了。难怪，好歌嘛，自然要翻唱，支持支持。

这首歌写得极好，用白描方法勾勒出人在失恋失意时那种无人分担无人安慰的落寞心情，又唤起一种战胜挫折开始下一次的勇气和激情。“有些甜总是无人分享，有些苦要自己去尝，有些寂寞仿佛永远不可能忘……最爱的人常不在身旁，人生本来就是这样，总要学着爱了就算，爱过就放……”

明明是一首表达孤独的歌曲，偏偏用两个人情歌对唱的方式演绎，是不是也蕴涵着某种寓意呢？这样的搭配，明明是在安慰听众：纵使你身边没有人倾诉和分享，还有这首歌伴着你落泪。于是，所有的伤心不满、委屈怨恨，随着这首歌，都融化在眼泪里，发泄吧。

女人多是爱哭的，以林妹妹为代表。有些女人口口声声说自己不爱哭，其实是故意不哭。再想哭也要忍住，认为那是脆弱的表现，她不愿意让别人看到自己内心的柔软。其实我觉得，作为女人，应该好好享用哭的权利才是。不管你哭不哭，总是改变不了世界对女人是“弱者”的定义，倒不如痛痛快快哭出来，让情绪垃圾随着眼泪一起倾倒出来，为好情绪腾个宽敞地方。为什么婴儿出世时都是大哭的？因为来到陌生环境他不适应，不适应就很难受，难受的第一反应就是哭。所以，哭是顺应我们人性的最好发泄形式。为什么你要反其道而行之，放弃自己的天赋权利？

人是需要哭的，心理学家告诉我们，女人之所以比男人长寿的一个重要因素就是善于哭泣。眼泪可以将人体内的毒素有效排出体外，尤其是人处于极度悲伤或极度压抑的时候排毒效果会更佳。曾经有一个研究结果表明，将蚂蚁丢进悲伤的人所流出的眼泪中，蚂蚁很快就会被毒死。所以在人的哭泣过程中，你身体内的毒素随着眼泪被排出，从而降低自身的含毒量，当然也就降低了对自身的危害。从这个角度看，林妹妹“娇花照水”的病态美，跟这泪水排毒也许相关呢。

哭还是释放压力和情绪的心理武器。就像闷热、烦躁的夏天需要下一场雨才能让温度降低、空气清新，甚至出现彩虹一样，你的压力也需要释放出来。你问这效果有多显著？如果用数字回答的话，专家指出，人在哭过之后，情绪强度会降低40%。

不要再去压抑你的感情和天性，想哭的时候就好好哭一场吧，生活的精彩未必只靠欢笑来体现，想哭就哭，是人生的一种潇洒。

但是！记住，还有“但是”啊！我们宝贵的眼泪，只能为同一件事、同一个人掉一次！流泪虽然好，也是有负面影响的。哭得太多会让我们眼睛红肿，情绪抑郁，脸色暗淡无光，整个人呈现病态。所以，大哭一场，把心理的负面情绪发泄出来之后，我们就应该轻装上阵，大步前行了。微笑，去化个淡妆，出去走走，大吃一顿，晚上再幸福地睡着……哭不代表懦弱，笑不代表坚强，而是为了把所有的不痛快都倾倒出来，然后继续上路！对了，路上还可以轻轻哼唱苏慧伦的歌：“哭过就算，没有负担；哭过就算，别为难……有过一次痴狂，一生难忘……”

5. 想念上官燕

“面对这个世界是甜美的冒险，藏匿的小心愿能否一一实现，扬起头看着天两张固执的脸，我们彼此怀念在隔壁的房间，似水流年……”

这首歌就是赵薇的《我和上官燕》，讲述两个北漂女孩子的故事。“我”和上官燕住隔壁，两个人有不同的生活轨迹，不一样的人生追求，但是，都要在北京这个繁华大都会实现自己的梦想。后来，“我”踏踏实实留在北京打拼，而上官燕留下一封告别的信，去了远方。“我”很怀念那些和上官燕在一起的日子，分吃一碗泡面，同时上网聊天，心情郁闷时听莫文蔚的《阴天》，一遍又一遍……

这是两个人的故事，但是，也可以理解为一个人的两种精神层面。现代人多多少少都有点精神分裂的倾向，我们要一边在成人的世界里成熟着、世故着，一边又想保持儿时的单纯和美好，向往自由自在无拘无束的生活。上官燕其实就是“我”的另一面，闲散，慵懒，小任性，爱幻想；“我”的生活则是忙碌、务实，为环游世界的理想努力挣钱。上官燕说走就走，只留一封电子邮件，而“我”却要留在这个城市里继续单调忙碌的生活，维系各种关系。偶尔抬头看看天，上官燕飞到了哪里？不知道。上官燕似乎渐行渐远，消失在我们的视线里，但是某个瞬间，她又在我们的心里复苏，因为我们一直不曾断线。

跟这首歌有异曲同工之妙的是安妮宝贝的《二三事》，讲述两个女孩子的故事，莲安张扬、骄傲、不按理出牌，永远在路上；良生低调、隐忍、沉堕自省地生活。但是她们成为了好朋友，惺惺相惜，彼此依赖，互相温暖。最后，莲安以自杀的方式结束了颠沛流离的生活，留下一个孩子交给良生抚养。良生嫁了一个安静踏实的男人，在家相夫教子，平淡度日。只是，良生偶尔还会在某个夜深人静的无眠之夜想到莲安，看到莲安笑着问她："良生，你还会跟我上路吗?"

"你还会跟我上路吗?"活到三十岁，或者迎接三十岁的你我，有没有问过自己这个问题?我们当初的梦想、理想还在吗?我们当初制订的那些计划完成了多少，我们早年的约定你还记得几个，我们曾经立下多少"不可以"的底线，最终被我们一个个妥协着改写和打破?是生活改变了我们，还是我们适应了生活?孔夫子说："吾日三省吾身。"一日三次对于我们而言似乎是有些太过频繁和夸张，但是类似反省还是很有必要的。

你忙你忙，忙得没有方向。你忙你忙，活得有点夸张。工作和生活的忙碌，在很多时候让我们忘了停下来想一想，看看自己昨天忙过了什么，今天在忙些什么，明天为什么而忙。忙碌可以是生活的常态，但是却不能成为"穷忙"的借口。忙到没有时间反省，那就很有可能没空看清前进的方向，忙碌也就失去了应有的意义。就像电脑需要你花时间将无用的文件处理掉才能获得更大的空间，手机的短信需要定期整理删除才能让信息收发自如一样，人生想要获得更大的生存、发展空间就需要时常自我反省。只有将生活中那些阻碍我们前进的繁冗琐碎的事物和烦恼统统清理干净，我们才可能轻装上阵、所向披靡。

上官燕飞走了，但是我相信她还会回来。莲安不在了，却还会相约入梦。也许，她们都不曾远离，带着祝福和温情藏在我们心底的某一个地方，跟我们的心灵做伴。这是属于我们的特有的自我更新、自我提升的方式，它并不复杂，只是一个自我在跟另一个自我对话。

6. 求成长

“求发财”、“求成功”、“求御姐”、“求炒饭”……这个系列的图片表情不下百个，反应了大家各种需求，想必是心声吧。如果我现在是二十岁，我会选择“求成功”，但是，现在踩着三十岁的门槛，我想说：“求成长。”是的，我不怕老，我空前地渴望成长，因为发现很多事不知道如何应对，渴望向长大后的自己寻求解救良方。

是谁说的，你可以不成功，但不能不成长。

当我们还在 KTV 里嗲声嗲气地唱《不想长大》时，其实已经宣告自己的幼稚病不治自愈了。正因为意识到这件事情的不可遏制，所以才会如此的痛苦和排斥。面对长大这个不争的事实，彷徨、不安和烦躁是无以复加又无可言表的。尤其是在心理年龄和身体年龄严重脱节的时代，要真正扛起责任，承认自己真的已经长大甚至变老其实并不容易。更让人无奈的是，尽管一方面不想长大，一方面又不得不辛苦地装大人。

保持骨感、假装成熟、应付工作压力、初入社交场合、换男朋友甚至结婚生子……一环套一环，一站又一站，我们忙不赢地用各种行动证明自己的成长，证明自己的魅力和价值。可是真的发现自己青春不再时，又有种双手空空，什么都没抓住的怅然若失。有时遇到困难，心里那个逃避和软弱的自我就会急着把责任推到别人身上：都怪我妈逼我结婚；都怪老板太奸诈；都怪客户们太不守信；都是现实摧毁了我们纯洁的心智……可是，扪心自问，又对自己的这种推诿塞责表示汗颜。之所以会有这种无赖想法，仅仅是因为自己不够强大。

所以，我渴望成长，求成长。不是物理年龄或者心理年龄的空洞叠加，而是内心更强大，更丰盈，让我足以应对面前的各种难题，化解种种焦虑和困惑。对于女人而言，成长真的不是一件坏事。真正的成长是接受现实而不是排斥现实，是顺其自然而不是负隅顽抗，是内心平和而不是表面平静，是爱别人而不是要人爱，是“爱我”而不是“自我”。

女人不成熟，大部分的原因都是把“自我”看得太重了，无论做什么都不自觉先把“我”放在了最前面，“我”能得到什么，“我”会有什么损失，“我”是不是完美，“我”在别人眼里看起来怎么样，“我”在别人心里占有什么样的位置……看似很多都是在为别人而活，其实是放不下自己在别人心目中的地位。太多的“我”将“自我”重重禁锢，所有的想法和做法都围绕着“我”来进行，想不偏执也难。而真正的成长正是要将“我”放下，放下心中的包袱、放弃偏执的想法、放松自我、放开妄想，女人才会真的长大。

从小到大，我们受到的都是成功学教育，要出人头地，要扬名立万，女孩子和男孩子受的是同样的“修齐治平”的教育。我们高中时男女生体育课才开始分开上，当时还觉得是新鲜无比的事。谁会告诉我们“女人”的意义呢，谁会跟我们讲女人的生活跟男人有何不同？连生理卫生课都是男女混在一起上，老师讲得晦涩，学生听得别扭，这样畸形病态的成长，不堪回首。

终于，我们现在有了新的成长机会，见识了先进的教育理念，虽然我们不能再重新回到学校补课，但是可以主动给自己上一堂又一堂成长课，让内心更强大，胸怀更宽容，重新去理解“女人”两个字，重新修炼女人的大智慧，也许生命会由此不同，开始一段崭新的成功之旅。

7. 林妹妹死于经期综合征

某闺蜜，爱红学，曾发誓续写后四十回《红楼梦》。某天我们“内阁”开会，谈及“经期综合征”，此女语出惊人：“我觉得林黛玉整天愁眉苦脸郁郁寡欢，多半是‘大姨妈’不准闹的。”我们汗的同时，准备把她的话当成一阵风左耳进右耳出，她却不甘心，继续跟我们说：“真的真的，你们想想，她打小就身体不好，体弱多病的，能准得了么？又整天那么唧唧歪歪抑郁忧虑，动不动就发脾气使小性子，典型的经期综合征嘛！说来说去，她就死在这病上面。”完了，被她这么一说，我们忽然觉得这“歪批”似乎有理。

“一个月有几天她的表现像失恋，反复听莫文蔚的阴天一遍又一遍……”不光是林妹妹呀，你听，《我和上官燕》里也这么写，看来这是我们的通病。

“每个月那几天”，女同胞们总能心领神会指什么。不过，最近有研究表明，男人也是有“那几天”的。他们生理上虽然不用卫生棉，心理上却总需要些许安抚。他们有心里低潮期，也叫“心理例假”，就是每个月都有间歇性的抑郁，或者烦躁，或者消极，或者食欲减退，或者暴饮暴食。反正，他们会有反常迹象，如果心理状态用一条曲线画出来，那几天的曲线就出在抛物线的最低点。

男人没有生理疼痛况且这样，我们女人饱受身心双重折磨，更是容易走向抑郁的泥沼。生理上，我们受着多重煎熬：疲乏、头痛、乳房及胸胁胀痛、不思饮食、低热，等等。情绪上就更难受，烦躁、愁闷、抑郁、多疑、为鸡毛蒜皮的小事与人争吵，甚至不能很好工作、学习和料理家务，夜间辗转反侧，难以入眠。在这样的境况中，一点点小打击小压力都被我们无穷放大，好像自己走到绝路了，看不见任何希望。平时不成问题的问题，在那几天里就会变成“大问题”，“万念俱灰”的阴影罩在头上，真是度日如年啊。

其实，这要彻底弄清楚自己“抑郁”的原因，“病”就会减轻一半。很多时候这种病痛更主要来自于我们的内心。现在很多病都跟“选择性”有关，选择性自闭、选择性失忆、选择性失语、选择性抑郁……说白了，就是我们面对这个世界有太多不喜欢、不适应，心里有很多怨恨和不满。当生理周期到来时，身体不适于心里不适合拍，就会让我们加倍郁闷。

物理学里有个词叫“共振”，就是说，两个振动频率相同的东西，假如它们的振动重叠在一起，振动的力量就会远远超过数值的相加。它的威力大到什么程度呢？一座跨江大桥，可以过火车可以过汽车，但是，一列步兵军队迈着整齐的步伐齐刷刷在大桥上有节奏地通过，就很可能把桥震塌！

生理期的身体不适、心理不适一起“共振”，就是造成我们“郁闷致死”的原因。专家建议，可以吃一点巧克力或其他甜食，缓解忧虑的心理。这只是生理层面的，我们还是要找到重要的“心理良方”，所谓“心病还须心药医”嘛！

既然知道自己正“不爽”，干脆就一切丢开，放手不管。不想做的家务，咱不做；攻克不了的难题，咱先放着；客户难缠，咱姑且让他逍遥几天。总之，在特殊的几天里，要对自己特殊地好，放纵自己小性子也没什么大不了的。年纪再大，咱也是女人嘛。都说女人有“猫性”，要有点慵懒，有点依赖，有点娇纵才可爱。在职场生意场上打拼，“猫性”要暂且收敛，甚至要拿出点“狗”的凶残来。但是在这特殊的几天里，咱就当乖乖猫、加菲猫，好吃懒做没关系，撒娇耍赖没关系，先让自己待舒坦了，回头再处理那些烂事、烂人！

8. 野蛮女友是传说

一部《我的野蛮女友》，不知道毁了多少男女——女人都想当野蛮女友，男人都被野蛮女友欺负。但是就事实情况来看，真正蜕变成野蛮女友的女人，多半跟男朋友闹分手了，因为男人是没办法接受身边这个悍妇的。

老先生们总爱从文字学《说文解字》的角度来解释“女”：一个被束缚了双手跪坐在地上的仆人形象。有了这样的源头，女人就是个受气受欺负的代名词，搞得后来的几千年女人都没地位，活该被男人欺压统治。现在女人解放了，可以经济独立，自己养活自己，可以选择结婚，也可以选择不婚，不用受男人那份儿气，于是就想着自己可以去欺负欺负男人。先有个《还珠格格》把规规矩矩的皇宫都搅个天翻地覆，把皇帝皇子都迷得晕头转向；再来一部《我的野蛮女友》，抓起男朋友就打，有火就往男朋友身上发，男友竟然还老老实实千依百顺。这样的“好日子”是多少女人的梦想啊！

其实，有梦想不要紧，沉迷于梦想就是你不对。“野蛮”这回事，还是离女人越远越好。你可以偶尔撒撒娇，那是妩媚和娇纵，若是把撒娇当成常态，那便成了撒野，不管男女，都不吃你那一套，你就是个不受待见的讨厌鬼——还是女鬼哎！

我不是站在男权的角度想，而是客观分析这件事。你想吧，世界上就俩性别，男，女。男人身体强健，脸皮厚，思维大条，就适合去干那冲锋陷阵卖力气的事儿。而女人呢，体力弱，好面子，思维细腻，就适合在男人身边出个主意，帮他们想想容易忽略的细枝末节。很多时候，细节是决定成败的，所以一个“贤内助”会影响到一个男人的成败。虽说很多男人“没本事”，但是他作为男人的自尊心不容受到辱没，你对他撒野，对他颐指气使，一次两次尚可接受，时间一长，肯定铁了心离开你。

所以，女人千万别掉进“野蛮女友”的美梦里，那不过是个美好的幻想，遥不可及。不光是男人喜欢温柔的女人，女人同样也喜欢。想想看，你最愿意亲近的女性朋友是怎样的？是不是一位和蔼可亲、一团和气的“好姐姐”？还没听说谁偏偏喜欢跟那种张牙舞爪、横眉立目、动不动就撒泼耍赖使小性子的“彪悍姐”做朋友呢，除非是受虐狂。

年轻一点，我们管那种直来直去的人叫真性情。是，真性情没啥不好，这种人不世故，不做作，给人很真实的感觉。但是，人偏偏又是“梦幻”动物，太真实了，会让人难以接受，人们总是喜欢跟那些没有杀伤力、气场不太强的人在一起，那样才让自己觉得安全，放松。我有个女朋友，风风火火的性格，拍桌子瞪眼是常事，喝起酒来论瓶论打像男人，抽烟的姿势更像。这个人好么，真好，朋友求助的时候永远义不容辞，是传说中的“为朋友两肋插刀”，但是，她脾气一上来谁都怕她，她会骂人，会打人，除了几个非常要好非常贴心的朋友之外，别人几乎不怎么敢跟她近距离接触。眼看就三十岁了，她常常犯脆弱，喝醉了酒就忏悔：我是不是没救了，我是个好人，为什么他们都怕我？其实，不是怕她，而是在她身边感受不到一个“女人”应该带给人的那种温暖感和安全感。

写到这儿，我禁不住又想起《红楼梦》里“姐姐妹妹”之间的是是非非来。第四十二回里，薛宝钗发现林黛玉读“禁书”，私底下“审问”

她。她难道不知道林黛玉不喜欢自己么？当然知道，但是，作为姐姐，她还是要把事情的轻重是非跟妹妹掰扯清楚。她说："你当我是谁？我也是个淘气的，从小儿七八岁上，也够个人缠的。我们家也算是个读书人家，祖父手里也极爱藏书。先时人口多，姐妹弟兄也在一处，都怕看正经书。弟兄们也有爱诗的，也有爱词的，诸如这些《西厢》、《琵琶》以及《元人百种》，无所不有。他们背着我们偷看，我们也背着他们偷看。后来大人知道了，打的打，骂的骂，烧的烧，丢开了。"

这一番话就拉近了两个人之间的距离，让林黛玉的不安降到了极点。宝钗不是一下子就开始批判黛玉，而是把自己放在她的"同盟"的位置，然后才给林黛玉讲述做人、做女人的种种道理，把个伶牙俐齿的黛玉说得"垂头吃茶，心下暗服，只有答应'是'的一字"。虽然林黛玉嘴上不说，是承认了宝姐姐真是具有"姐姐"风范的。没过多久，两个人因故闹了起来，林黛玉求饶时道出了心底的话："到底是姐姐，要是我，再不饶人的。"连林黛玉也不得不承认，这个仪态万方大度能容的"姐姐"真的是好榜样！

做女人做到宝姐姐这个程度，有什么不好？宽容，懂事，能以身作则，也能言传身教。这样的女人能给人温暖，能在她身上学到东西，是名副其实的良师益友。不但男人喜欢，女人也喜欢亲近，恐怕林黛玉正是因为自己做不到，心生妒忌，由此而发出不安。所以，当我们二字头年纪越来越短，逐步向三十岁迈进，适当学一点薛宝钗的处事方法和为人修养是百利而无一害的。撒娇耍赖的"野蛮女友"行为可以一时获得别人的宠爱和迁就，时间长了，男女朋友恐怕都会对你敬而远之啦。

9. 性感兼容感性

性感，理解起来容易“跑偏”，容易让人想到红唇、高跟鞋、黑丝袜、真丝内衣、波浪卷发……可是，一次网络调查让我们大跌眼镜：男人们认为的“性感”完全不止这些。有人说，女人投入工作的样子很性感；有人说，女人哺育孩子时最性感；有人说，女人跳芭蕾的时候最性感；还有人说，女人收拾心爱的毛绒公仔时最性感。怪哉，难道男人的觉悟都提高了，还是我们低估了男人对女性美的鉴赏能力？

看到这个调查之后，女友小 N 说，我对男人有了全新的认识。而女友小君说，也许我们从来就错看了“性感”这个词，偏见所致，容易把它跟高跟红唇那种挑逗性的字眼联系起来。性感，本身就是多重意思，一个感性的女人，一个活色生香的女人，一个懂得生活心中有爱的女人，就是很性感的。

“女人美丽的外貌是会随着时间的推移被看烦的，只有爱心才能让女人变得更美丽。”在一次爱心女性评选发布会上，主持人如是说。

的确，美丽的外表是会老去的，高跟红唇早晚是要变得人老珠黄，即使保养得好，时间长了也会审美疲劳。而心中有爱的女人却禁得住岁月的打磨，永远耐看。因为内心的善良和美好无论在哪里都是发光体，当然不会被平凡的外表埋没；其次，心中有爱的女人会用自己的爱温暖身边的每一个人，她的存在只会让人如沐春风，又怎么舍得离她而去？

只是现代的社会中，女人们被现实和物质蒙住了双眼，又要忙于在职场、生意场上跟男人一较高下，原本感性的心因为现实的残酷变得日见冷漠理性。很多时候，我们宁愿让心灵变得麻木也不愿意让它受到伤害。不可否认，这样的确让我们受到的伤害越来越少，但是也同时剥夺了我们感受爱的能力，我们原本可以通过爱心得到的很多快乐也被阻挡在了门外。

现任美国国务卿希拉里也曾有过内心彷徨的时候，表面的风光无限并不能消除内心的烦躁不安。于是她去咨询女性心理医生，她说自己活得很累，她觉得周围的人表面上奉承她背后实际都在算计她，她身边没有真正的朋友，以前的朋友也都离她而去，她怀疑是不是因为自己的成功让朋友们感到了压力才会这样。心理医生并没有正面作答，而是问了她三个问题：1. 你喜欢小动物吗？2. 你是否经常参加慈善活动？3. 你和朋友们聊天的内容和语气是怎样的？前两个的问题希拉里给出的答案是否定的，关于第三个问题，她说自己和朋友们的谈话内容都是关于工作方面的，语气也是如此。

心理医生对她说，这就是她问题的症结所在，她不开心是因为她把生活和工作混为一谈，用工作中的成功经验来指导生活。又因为终日为工作忙碌而没有时间和精力去表达爱心，这让她失去了女性应该具备的温柔素质，身上也缺少了人情味，所以她的朋友们才会渐渐疏远她。她现在要做的是多让自己感动，去参加一些慈善活动，在生活中就不要用工作的态度去处理问题。改变工作中的强硬气质，用爱心和平和去赢得别人的信赖和喜爱。希拉里后来的确这样做了，结果表明她真的比以前更成功。

大多数女孩由感性变得理性进而冷漠，背后的原因其实也是这样的，因为职场竞争的压力和成功经验让自己在工作中变得坚强甚至强硬。当回到生活当中时又没有及时调整好自己的角色和心态，以至于终日以冷硬的态度面对生活，温柔的一面被一点点的蚕食，进而变得对人冷淡，心中的爱也就不知所终了。我们让自己没有时间表达爱，自然也就渐渐失去了爱的能力，也终有一天会让自己变得面目可憎。

美国女性心理与形象咨询中心创办人及总裁玛丽·斯普兰妮说："女性的内在价值是通过多方面体现出来的。事业仅是价值的一部分，更多的是那种体现关心弱者的爱心。"所以，让我们从繁忙琐碎的工作中及时跳出来吧，唤醒自己那颗沉睡已久的爱心，让敏感、感性的神经稍稍复苏。不要再刻意去掩藏自己的爱，有爱心并不是一件可耻的事情。善良的人虽然不一定会受到老天的保佑，但是一定会让周围的人对你青睐有加。不用害怕自己的善良会受到伤害，一个无害的人终究不会有人忍心去故意伤害，你的爱心只会让别人更加青睐而已。

当然，爱不是标榜出来的，你没有必要高调地宣布你是多么的爱心无限，你只要默默去做就已经足够。对家人、朋友或者周围人的一句温暖的问候、一份及时的帮助，甚至一个善意的微笑，都是你爱的表达。爱心并不拘泥于形式，只要你心存善念就能让爱的种子散落四方，你自己也会因此而散发出爱的芬芳，你此时的美丽就是无价的。当然还有一个更大的好处，那就是你从中得到的快乐，因为你对别人的付出和爱，会让自己得到一种被认同感，因为被需要而让自身的价值得到提升，这种快乐是任何金钱都买不到的。

10. alone， not lonely

打学英文那天开始，alone 和 lonely 俩词就掰扯不清。这不怪我，只怪当时老师没表达清楚，他在讲台上支支吾吾半天，试图让我们记住这两个同样译为“独自一人”的词究竟有什么区别。他说，前面一个没有感情色彩，后面一个有。幸好考试没遇到，我才没有在 ABCD 的选项中慌了手脚。

后来，英语学得还不错，自己试着翻译些东西，又碰到这两个词，忽然就明白了当年英语老师要表达的意思：前面那个没有感情色彩的译作“孤单”，后面那个有感情色彩的译为“孤独”。早先让我头疼的两个词竟然变得亲切起来，因为“孤单”似乎成了自己的常态。Alone，not lonely。孤单，却不孤独。人总是难免落单的，一个人吃饭，一个人逛街，一个人看电影，一个人捧着书本为铅字的人物悲喜落泪，一个人看日落，一个人等日出……虽然都是一个人，却不觉得孤独，因为内心很充盈。

是的，学着享受孤单，才不会觉得孤独。看《好想好想谈恋爱》，喜欢里面的蒋雯丽。无聊的假日、空旷的寓所，仿佛处处写满了寂寞。但是这个美丽的女人哼着歌在其中穿梭，于是整个氛围发生了质的改变，空旷的房间被悠扬的音乐包围，精致的菜肴、奢华的红酒摆满整个餐桌，一个装扮美丽的女人坐在桌旁，自斟自饮，享用所有的美味。没有人打扰、没有人陪伴、没有人分享，但是从这个女人眼里却看不到一丝的落寞，相反的，她看起来是那么快乐和满足，原来自得其乐并没有想象中那么困难。

这是独处的妙处。这是“不孤独”的秘密。这样的时光是完全属于你，你有完全的支配权。你爱怎么用就怎么用。可以读一本书、作一幅画、听一段音乐、看一场电影；也可以整理你的衣橱、试遍所有的衣服，或者做一次房间兼空间的大扫除；更可以是蜷缩在床上看着天花板发呆、翻翻旧照片、回忆几百年前的那个初恋男友然后哭得稀里哗啦；又或者看肥皂剧或玩游戏直到自己都恶心想吐……独处最妙的地方在于，它让你诚实地面对自己的内心，满足它被忽略已久的存在。

伍尔芙说过，女人要有一间“自己的屋子”。每个女人都应该有一个这样的完全属于自己的“屋子”，这就是属于你自己的空间。这里有属于你自己的秘密花园，在这里你可以胡思乱想、为所欲为，没有人可以打扰，也没有人会责怪。独处正是你通往这间“屋子”和这座“花园”的必由之路，聪明的你又怎么可以放弃这样的优待？即使你已经习惯了身边的喧嚣、热闹和有人相陪，也不要将自己的心灵堡垒轻易废置，你需要不时修葺、完善才能更加经受得住风雨，而独处为你提供了这样一种可能。

所以，当我们找不到人去买醉，找不到人去 K 歌，没关系；当你的那个他在忙没时间陪你，当你的那个他不喜欢看文艺片而先一步呼呼睡去，没关系。我与我相依相伴，实现自我的陪伴和温暖。在心里的某个角落，永远有那样一个人守护你，懂你，疼惜你。那就是你自己。当你再次有“孤单”的感觉，请告诉自己，你不“孤独”。

第七章

何来倾国倾城貌

很多人喜欢《红楼梦》里的衣服、首饰、排场，喜欢那说不完道不尽的穿衣学问，痴迷那乱花渐欲迷人眼的绫罗绸缎。不管是姐姐妹妹，还是哥哥叔叔，每个人都光鲜体面，一进大观园，活脱一场光怪陆离服饰秀，让人看得垂涎三尺，我们现代人的服饰与其比起来，简直是破布片一堆。不过，那也是古代小姐公子们的装束罢了，寻常老百姓哪来那些珠光宝气，还不是布裙荆钗，简简单单过活。既便如此，我们也要明白：布裙荆钗，珠光宝气，各有各的美丽！我们要漂亮，要美丽，要美服，要美鞋，但是我们不向男人摇尾乞怜。我们凭自己的智慧挣来真金白银，再给自己添置心爱单品，让我们更漂亮，更美丽，更有气质。谁能说我们有罪？黛玉有黛玉的风流，宝钗有宝钗的韵味。20来岁时我们玩点小清新小文艺病病歪歪期期艾艾娇花照水弱柳扶风也就算了，到了30时，就自自然然体会做不见奢华唯觉淡雅任是无情也动人的美好吧。

1. 女人挣钱是要用来买花戴

以前在论坛里认识一位姐姐，芳龄二八（不必做乘法啦）、体貌不详、家住东北松花江上，为人快言快语，才思敏捷，颇有语不惊人死不休的架势，总是在坛子里抛出些奇闻怪谈，总能说到姐妹们心坎上，并且气煞一杆老爷们儿。这位姐姐的经典语录之一，就是这句：女人挣钱是要用来买花戴滴！

这句的主题思想就是，虽然目前很多女性朋友出去工作，挣的不比男人少，但是挣来的钱终究要花在自己身上，买漂亮衣服包包鞋子也好，买化妆品保养品香水也罢，总之，就是要让自己美美的，润润的，什么买房买车啊，养孩子孝敬爹妈啊，都是男人的事。男人是干吗的，就是挣钱养家嘛，既然娶了媳妇就得能够处理相关的一切事宜，要是指望媳妇挣钱养家，那就别怪媳妇不拿正眼瞧他！

这个言论抛出的后果可想而知，论坛里一帮已婚未婚男士都横眉立目做神圣不可侵犯状，纷纷口诛笔伐，欲将此女诛杀而不亦快哉。相对的，女士们则是拍手称快，齐声叫好。当时我还大龄未婚，无法切身感受柴米油盐的经济压力，但是心里暗自寻思：嗯嗯，一定要找个让我把所有收入都拿来买花戴的老公！

现在想想，姐姐的言论自然是有点夸张，但是，其中传达的“女人就是要爱自己”的中心思想是绝对没错的。爱自己表现在哪里？总得吃点好的，穿点好的，人前人后抛头露脸的时候有几身体面的衣裳，闺蜜们凑在一起分享物件儿的时候有几款像样的首饰。“人靠衣装，佛靠金装”这古语是不会错的。虽然，女人的外在气质并不取决于衣服首饰，但是，不可否认，名媛淑女，确实需要这些来为自己画龙点睛。谁会跟一位打扮入时清新俏丽的美女过不去呢？

记得《红楼梦》里讲，有人在宫里带来堆纱的假花，送给大观园里的姑娘们插头发。因为最后才送给林妹妹，她还小心眼儿生了一肚子气。想想看，要是最先让她挑，她肯定也是欢喜的。那时的姑娘没有现在选择多，有朵花戴就不错了——那也是宫里传出来的最时髦款式呢。现在流行简约美，女人不“戴花”，还可以把头发剪短、烫卷、拉直、染色，甚至剃光（轻易不要尝试啦！），不管哪一样，都是要花钱的。有些姐妹为了省钱，丝毫不顾及自己的形象，头发乱了就干脆绑个马尾，眼袋大了就戴个眼镜，不知道怎么穿衣打扮就永远黑衣裹身……钱是省下了，可是，我们攒着大把的钱做什么呢？这物价可是每天都在涨呀！倒不如，拿出自己辛苦挣的钱，高高兴兴去买花戴！

我有个闺蜜，样子好，人品好，身材好，是不折不扣的“三好学生”。这学生好得过了头，把所有钱都攒起来，交给男朋友去做生意，自己用的洗面奶、擦脸油都是去商场里领的免费试用小样。我们“内阁”召开会议的时候，一致认为这是一个大胆、愚蠢、风险绝对大于收益的做法，有牙尖嘴利者，直接就对她投出了“绝对不看好”票。我闺蜜说，没办法，我太爱他了，我愿意。

“你就愿意自己这么邋里邋遢蓬头垢面？”我义愤填膺。

“我不愿意。但是为了他，我愿意。”她坚持要做圣母玛利亚。

果不其然，半年之后，男友卷款“失踪”。我那闺蜜寻死的心都有了。没辙，还是得劝。总不能眼睁睁看着一个大好青年自毁前程吧（已经毁了的就只能忽略不计了）。

终于，闺蜜想通了，再不为了别人而活，一定要先把自己捯饬利落。当月领了工资，人家走大街、穿小巷，理了头发做了脸，全身上下一通经络排毒，再从里到外换身新衣服，一天疯狂消费之后又是侠女一个！啧啧，早听我们的，多好。那些白白贴给白眼狼的钱，可以换多少燕窝、Dior和LV啊。

闺蜜用她血汗钱换来的教训告诉我们，女人挣钱是要给自己买花戴滴！我们要漂亮，要美丽，要锦衣华服，但是我们不向男人摇尾乞怜，我们自己挣。我们凭自己的智慧挣来真金白银，再给自己添置心爱单品，让我们更漂亮，更美丽，更有气质。谁能说我们有罪？哼哼，这才叫“我愿意”呢！

2. 布裙荆钗 vs 珠光宝气

我相信很多姐妹跟我一样，喜欢《红楼梦》里的衣服、首饰、排场，喜欢那说不完道不尽的穿衣学问，痴迷那乱花渐欲迷人眼的绫罗绸缎。小时候不懂事，初听说曹雪芹跟“江宁织造”的关系时，还觉得，他家是“织造”，难怪有那么多好看的衣服。瀑布汗！

曹雪芹当然是没什么好衣服穿，但是曹雪芹笔下的女人们都有。不管是姐姐妹妹，还是哥哥叔叔，每个人都光鲜体面，一进大观园，活脱一场光怪陆离服饰秀，让人看得垂涎三尺，我们现代人的服饰与其比起来，简直是破布片一堆。难怪有人提出“复古”、“回归汉服”，现代人的衣着审美哪儿赶得上古人啊！

不过，话又说回来，那也是古代小姐公子们的装束罢了，寻常老百姓哪来那些珠光宝气，还不是布裙荆钗，简简单单过活。

即便如此，我们也要明白：布裙荆钗，珠光宝气，各有各的美丽！

我提倡女人为自己买漂亮衣服，但是，没有必要花天价去买那些所谓的国际大牌、顶级服饰。那一件衣服好歹就得花掉我们两三个月的工资，实在不是寻常消费的选择。我们平民小美女想装点出属于自己的美丽，就得找适合自己风格的。正所谓只选对的，不选贵的。小清新有小清新的路子，干物女有干物女的风格，败犬女王有败犬女王的选择，萝莉和御姐也各有千秋。只要找对了属于自己的那一款，你就是万里挑一的可人儿!

我有个好友，生性“母大虫”的性格，大大咧咧，风风火火，用她自己的话说：“半辈子闯荡江湖，最讨厌那矫揉造作扭扭捏捏的主儿!”平日里穿衣服，她一般都是“波西米亚”风，宽宽大大，破破烂烂，衣服价格都不菲，但是乍一看永远都是“潦倒”。她爸爸更是语出惊人：“闺女，你工资不低，就不能买套像样的衣服穿，别总跟民工似的!”哎，大叔不知，那些衣服还真不是民工买得起的!

偏偏就是这个痛恨矫揉造作的家伙，遇到了一件必须矫揉造作的事。某次，她老公出息了，必须要参加一个非常隆重、非常正式的会议，她这个做夫人的必须非常隆重、非常正式地穿衣打扮出席会议。这可咋办？她十万火急把我们几个闺蜜迅速聚拢到她家，把能带的衣服全都带过去供她挑选。她从来没有参加过这种会议，满衣橱的衣服竟然没一件合适的!

S女说，要不你租件礼服吧。她说，那多脏啊。M女说，要不你咬咬牙去买套。她说，冤枉钱啊，就为一次宴会？A女说，要不你穿职业套装？她倒是有两套，穿上对着镜子看了半天，我们齐刷刷摇头——咋越看越不像你呢？衣服尺寸对，颜色对，跟宴会要求也合拍，可就是完全抹杀了这位美女的特有气质，怎么看都不对路子。原来，她常年只穿棉麻料宽松裤装，不讲究身型，身体轮廓早就已经跟那些款式的衣服融为一体，而且穿惯了宽松的衣服，不知不觉腰间有了“游泳圈”，还有左右开弓大步走的习惯。现在要她穿起线条优雅裁剪有度的套装、礼服，就像灵魂装错了身体那么难受。

从Chanel到prada，从Dior到YSL，十几件名牌衣服摊了一床，硬是没一套合适的。女主人正要发飙，R女忽然灵光一闪，拉出她衣橱里唯一一条及地的黑丝绒长裙，再配上她在土耳其买的原住民多彩原生石超大款项链和耳环，外裹一条云南丽江小店淘来的纯手工编制的民族风大披肩，衬得她黝黑紧实的皮肤闪闪发光，竟然帅美得不可方物！

这件事给我印象极为深刻。以前，我特别信那些“穿衣指南”、“淑媛风范”之类的工具书，尽量照着上面把自己捯饬得像一把美丽塑料花。我还尝试给自己画不同种类的妆，希望眼睛看起来大一点、鼻梁看起来高一点，总之，就是照着模特画嘛。结果，画得是不错，就觉得镜子里那脸、那身体非常陌生，就像挂了张脸谱在脸上，演的是别人的角色，自己心里那叫一个别扭。经过女友这件事之后，我把大部分化妆品都送人了。什么烟熏妆、彩妆的，都让那些适合的人去画吧，套个时髦的说法，俺是“敢裸”女生！简单妆、基本款才是俺的路线，也只有这样根据个人风格来穿衣打扮，才能衬托出自己独特的气质。

所以，不管你是林妹妹，还是宝姐姐，不管你是富人家的小姐、少奶奶，还是穷人家的小小草、花囡囡，都应该找到自己那种特有的美好气质，把它挖掘出来，发扬光大，珍珠与翡翠齐飞，钻石共铂金一色，每个女人都是这世界上独一无二的风景，那才能让“宝玉们”神魂颠倒，拜倒在咱石榴裙（或牛仔裤）之下！

3. 要品质，没商量

继续说服饰这档子事儿，开心!

小说《红楼梦》里，哪件衣服都让人想入非非，石青刻丝灰鼠披风，大红洋绉银鼠皮裙，绉绸对襟珠扣袄……虽然影视剧导演们煞费苦心，想让我们直观地看到这些衣物的珍品，却依旧跟不上我们想象的翅膀。那件最独一无二的，最花心思的，最有意义的，最后耗掉晴雯半条命的“俄罗斯国拿孔雀毛拈了线织的氅衣”，那可是绝对的“限量版”，就一件，糟蹋了就再没有了！这衣服穿上，能不气派么，能不拉风么，其他妹妹再怎么受宠，也只能穿野鸭子毛的!

宝玉的身份地位用这一件“雀金呢”的氅衣就凸显出来了。我们呢，要用怎样的服饰来凸显我们独特的身份和地位？别说你没身份，别说你没地位，正是因为我们都没身份没地位，才要用品质好的东西给咱自己装门面！你不是赵薇，不是周迅，不是安吉丽娜·朱莉，更不是辛迪·克劳馥，所以，我们需要用高品质的服饰为自己的形象气质加分。

注意了，所谓高品质，并不等于大牌。很多大牌用料并不是一等一的好，某国际品牌，人家连皮子都不是，就帆布包，加个 LOGO 就赚你几千大洋。说实话，你掏钱的时候不肉痛？就算不掏钱，咱刷卡，喜刷刷之后、还款之时还是心哆嗦吧。要是 20 来岁的小姑娘，不会算计，乱花钱，追着大牌跑，倒也情有可原。可是当我们年纪逐渐增大，越来越崇尚“低调奢华”的时候，再追着明晃晃金闪闪的招牌们跑，可就实在没必要了。年纪小的时候咱重“面子”，年纪大了，得把重心转移到“里子”上来。里子是什么？品质！

衣服也好，鞋子也好，化妆品也好，保养品也好，要讲究品质。品质的区分需要我们在日常生活中学着用智慧去判断。

先说个我自己的糗事吧，现在想想还觉得脸红到脖子根儿。上大学那会儿，跟闺蜜一起去逛街买鞋子。以前在家，这种事都是老娘跟着当军师。后来自己出去闯荡江湖，只好自己解决。闺蜜看好一双鞋子，问了价，觉得贵。老板说，纯牛皮的，上好质地，这个价钱不贵！闺蜜转脸小声问我，这是牛皮吗，我怎么觉得像假的。我汗，弱弱地说，我不会区分，就算我知道是牛皮的，也不知道牛皮的值多少钱……当时还不流行“雷”这个词，但是从老板的面目表情来看，已经被我俩雷得外焦里嫩了。那老板说：“小姑娘，你们都多大了，连双皮鞋都不懂得挑，一点都不知道臭美哦！”我俩好歹也是学校辩论队的种子选手呢，这时候却也顾不上跟人家掰扯艰苦朴素不讲吃穿是革命的好传统了，只想钻个地缝，或者，现扒一个地缝钻进去也行！

从那以后，我们都洗心革面，发誓要做品质专家！我那闺蜜差点儿没改了专业方向去养牛，而我也是苦念穿衣经，生怕再被商家耻笑了去。现在，闺蜜的衣柜鞋柜赶上我的书房大了，大牌包包鞋子有无数。我虽不才，赶不上她，却也不至于为鞋子是真皮还是仿皮而为难。

哎，话题有点跑偏了，拉回来，还说品质的事。之所以把我的私家珍藏糗事拿出来曝光，就是想跟姐妹们说，学着分辨衣物的面料、品质很重要。不要迷信大牌、名牌，那些有个一两件装点门面，在必要的场合拿得出去就行了。我们没有必要每只钻戒都是海瑞·温斯顿，没有必要每个包都是路易·威登。但是，咱也不能跟《项链》里的罗塞瓦德夫人似的，跟老公参加个宴会还要向别人借项链。

好品质的东西是有生命的，好品质的衣物会有灵性，它们穿戴在你的身上，附着到你的气质中，久而久之跟你的灵魂相呼应，优质的面料，合体的剪裁，细密的针脚，精致的做工，这些元素统统具备了，你穿在身上、戴在身上才会跟它们产生良好互动，整个人都精神饱满，容光焕发。我20来岁的时候，喜欢去批发市场逛，图便宜嘛，买好看、时髦的衣服来穿。现在“三张”了，不再干那种事了，哈哈，手头宽裕些了，更重要的是，那些淘来的衣服太容易变形、褪色、出毛病，下过水就再没了生气，我自己都不想穿出去，偶尔穿一次也会觉得别别扭扭像身上长痱子似的不舒服。毕竟，咱没有那天生的模特气质，还是要用好品质的衣物装点一下的！

4. 不用山寨，不贪 A 货，绝不假兮兮

网上总是“山寨山寨”地叫，我还以为山寨有多彪悍呢，细查查才发现，山寨还是很“虚”的嘛，是骨子里虚，模仿别人，往坏了说，是抄袭别人，还理直气壮地抄袭。数码产品、家居用品、衣帽服饰，通通都有山寨货。山寨货在人极爱原有大牌的基础上稍微改一改，就变成自己的牌子，昭然若揭。他们之所以能够占领市场，就是图便宜。

但是，还有让山寨人更看不起的，那就是 A 货。好歹，山寨还做点改动，A 货就直接做得一模一样，牌子都丝毫不差，更有甚者，瞪眼说自己是“真货”，真真羞煞人也。

对山寨和 A 货的谴责，交给评论家和学者们吧，我们还是重点说说女人气质这事。咱可以“山寨”别人的产品，却“山寨”不来人家的创意。咱可以照着林黛玉、薛宝钗的衣服做一套，还可以照着她们的照片整容，我们骨子里却变不成林黛玉、薛宝钗。所以，我不看好山寨，更不提倡 A 货。要么，我们就放弃大牌，只看品质；要么，我们就去品牌店买真品，以一当十。买假的那是糊弄别人，可糊弄不了自己。

林妹妹有林妹妹的病西施气质，宝姐姐有宝姐姐的准少奶奶气质。一件旧褂子、旧裙子，丝毫不能掩饰天然流露的风情风韵。那是因为，人家是货真价实的大家闺秀，人家骨子里是“真的”。我们想修炼这种气质，就应该从“真”字练起。

当然，我们不是公主，不是出自帝王将相之家，打小没接受那么多淑女课程。而且，我们常年在职场拼杀、社会闯荡，容易被繁忙的生活磨钝心智，丧失女性天然的那种随性、温柔。可越是这样，我们越要努力保留自己最真的那一面。我们勤奋，这是真的；我们聪明，这是真的；我们有爱，这是真的；我们漂亮可爱，这都是真的。为什么要在这些真实的品质之外，带上一个“假”标签？

山寨也好，A货也罢，背后作祟的凶手不过是虚荣。看到有故事里写，一个花季女孩，为了一个昂贵的包包，公开出卖自己的贞操。她为的只是这个包？恐怕只是为了那种背着包在街头走过，换来别人艳羡的眼神吧。说来说去还是虚荣。可是，在街边，谁会认真看一眼你的包包是真是假？出卖自己，换来一个包。再出新款的时候，卖什么？想到网上一句话：“别以为别人瞧不起你，其实大家根本没瞧你，都忙着呢！”

人受服装影响之深，远超过我们想象。常只穿高跟鞋的女人，忽然改穿平底鞋，会下意识地踮起脚尖走路；习惯了荷叶边淑女装的女人，穿中性休闲服时，绝对不会帅气和洒脱；而朋克铆钉骷髅图案穿得太久，说话走路也会是那个调调……想想看，要是你身上穿的、戴的是“山寨”、A货，那么，你身体里的每个细胞都知道它们是假的，穿戴久了，那股“假”的气场渗透到你的身体、灵魂、气质里，我管保你走路都不能挺胸抬头。不用山寨。不用A货。绝不假兮兮。这是作为一个女人需要修炼的最重要的一种气质。

5. 洗一洗，拍一拍，宠爱你的脸

“用大宝，对得起咱这张脸!”想到这句广告词我就忍不住乐。老老小小男男女女要是都有“对得起咱这张脸”的觉悟，那咱这社会上要多出多少俊男靓女呀，这可是我这外貌协会天秤座之人的最大理想！那么，就从我们女同胞开始，加入“爱面子”一族吧！

单双眼皮、大小眼睛、高低鼻梁这些都是咱爹妈所赐，改是改不了了，可这脸皮确实后天可以保养的。别说你天生就是“黑脸包公婆”，怎么都白不了。咱不白，还不能嫩着点儿？你愿意一照镜子净是斑斑点点疙疙瘩瘩？你看着镜子里的自己迅速老去脸上毫无光彩，真的不难受？别忘记，《红楼梦》里，为了一包擦春癣的蔷薇硝，搞得多少丫鬟、小姐、少爷都不安生！

有例有真相，还是自爆家底，拿我的亲身经历来说事儿吧。有那么一阵子，我闷在家里赶稿子，那真叫没黑天没白天。不要以为撰稿人真的像电影里演的那样，画着美美的妆，拎着小巧玲珑的手提电脑（甚至是 ipad)，找家“星巴克”或者“上岛咖啡”，靠窗坐，喝咖啡，晒太阳，发呆，然后敲出几千字，卖钱。那纯粹是骗人的。自由撰稿人多半不修边幅，顾不上洗脸，甚至不照镜子，头发长了挥刀“自裁”，宽大随意的衣服往身上一套。至于电脑么，为了看字的时候省眼力，最好是买最大的液晶显示器放家里，至于本本电脑，那只是出门的时候图方便啦。

嗯嗯，跑题了。回来。话说我那段日子在家闷头赶稿，苦苦奋战无数昼夜，被人家催稿催了N遍之后，终于完成任务了。我一照镜子，天啊，我这个脸像是蒙了一层黑纱似的，自己都被镜子里的人吓个半死！这是我？这不是我！这不是我吧？这真的是我？顾不上玩哲学上的自我本我超我了，赶紧，洗脸，上面膜！

贴着面膜，我仍旧惊魂未定。心里怨念重生，多数还是针对自己的：怎么邋遢成这样啊，难道赶稿就是理由吗？身为一个女人，怎么能把自己的脸毁成这样？保养一张水灵灵的脸可能需要一年半载，毁掉一张水灵灵的脸可是几天就够了啊！电脑辐射，灰尘侵蚀，清洗不彻底，睡眠不规律……这些足以把我们变成一个蓬头垢面的黄脸婆了——真的，这与结婚不结婚、进不进厨房、吃不吃油烟毫无关系！

吸取了那一次的教训之后，不管赶稿子时间多紧，我都要提醒自己好吃好喝，该睡觉睡觉，该洗脸洗脸，该贴面膜贴面膜。当然啦，还是尽量调整好时间，不让自己被稿子催得那么紧。不管是林黛玉还是薛宝钗，人家什么时候被一件事逼得火上房似的！女人，总得动脑筋安排好一切，才能心中有数，从从容容。

最后，说到面膜了，就多唠叨一句。我不是美容专家，自己还跟着美容专家学美容呢。但是，正因为我不是专家，所以才能跟大家分享一些更实用、更简单的“懒人”方法。最简单有效的，当然就是去买成品面膜啦，我个人体会，玉兰油的美白面膜是超好用的啦，虽然100多块买五片，有点奢侈，但是它能让我们“焕然一新”，那感觉实在超好的。如果实在反对我这种败家做法，也没关系，咱来实惠的。我也不是总这么“败”的，我乐意，老公也不乐意，嘿嘿。自己动手，丰衣足食。面膜也一样。蜂蜜调牛奶，往里面丢一个压缩面膜，面膜泡开之后贴在脸上20分钟，美白滋润的效果也是非常好！我自认为这是DIY面膜里面最简单、最便宜、最行之有效的一款啦。牛奶不用多，利乐包的一半就够，剩下的一半还可以喝掉，哈哈。

如果你觉得这样还麻烦，那就买珍珠粉，加牛奶，或者纯净水，调成糊糊敷在脸上，20分钟左右，美白效果也是一等一的好。

如果，我是说如果啊，真不希望你“懒”到这个份儿上，上述做法你还嫌麻烦，那就直接在晚上洗脸之后，擦好晚霜，然后把珍珠粉薄薄地拍一层在脸上，就像散粉一样，然后就去睡觉（要是跟LG或者BF一起睡，他可能不习惯身边躺个脸白得像艺妓一样的女人啦!）。

PS，还是要再啰嗦一句，市面上那种十几块钱一大包的珍珠粉是不能用的。我们说的珍珠粉，是真正的珍珠磨成的粉，当年慈禧老佛爷直接喝进嘴里的。现在市面上很多珍珠粉，都是用那些次品珍珠，破损的，没长全的，被当废料处理掉的，甚至掺杂了滑石粉、碳酸钙、贝壳粉等。那样的珍珠粉是会损伤皮肤的。在挑选珍珠粉的时候，要慧眼识英，不能贪图小便宜而吃了大亏。

6. 咱留的是发型，不是头发

有段时间看新闻上说，山东省有个女中学生，由于发型不符合学校规定被老师赶出学校，这个学生一气之下在家里服毒自杀。电视画面上看，那个女孩花季少女，唇红齿白，明眸善睐。可惜了！

心痛之余，还免不了对发型这件事唠叨几句。那个女孩子究竟剪了什么发型，让老师看她如此不入眼？其实，不过是额前的刘海长了些。对流行稍微敏感的人都知道，这几年“大刘海”当道，不管是齐眉刘海还是斜刘海，总要长，要厚，脸颊两侧还要留出长长的两绺。那女孩就是因为留了这样的刘海而被老师勒令停课回家理发。后来女孩把头发换成了“沙宣发”，老师还觉得不妥，又让她回家。这女孩气不过，竟然把自己的生命都放弃了。

咱不在社会层面探讨这事儿，咱只说闺中之事。若是你有个姐姐妹妹臭美，又被剥夺了臭美的权利，你会怎么想？说实话，我特别为这个爱美、会美的女孩痛心。我在她那个年纪，图省事儿剪了男孩子一样的短发，整天穿着肥肥大大的校服，性别模糊。现在看到当年的照片，恨不得藏起来不让人看，实在太寒碜了。可是，在应试教育的体制下，豆蔻年华的女孩被弄成那样，就是老师眼中的“乖学生”。

现在，我们都长大了，不用再去当乖学生了，一定要对自己的头发好一点，要对自己的发型用点心。留了多年短发之后，20 岁那年，我开始留长发。妈妈说，女孩子爱美是从头发开始的，起初我不信，后来信了。女人的头发就如同自己的第二张脸，拥有一头飘逸的秀发，不仅可以增添自信与魅力，还可以在吸引男性目光方面产生意想不到的效果。长发所表现出的温柔、妩媚的女性美，是其他内在与外在特征都无法超越的。

美国佛罗里达州州立大学心理学家凯利·克莱恩博士领导的研究小组，对50名男子进行了一项调查，将同一名女子的发型通过计算机分别处理成长、中、短三种样子，结果绝大部分男子都认为长发的女人最性感。出生于19世纪中叶、与弗洛伊德齐名的性科学领域里最早、最著名的先驱哈夫洛克·蔼理士曾经在他的著作《性心理学》一书中指出："头发的诱惑力极大，它与性选择的视觉、听觉、嗅觉、触觉均有关系。"很多男人都认为，长发是女人味的源泉。他们对女人歪着头抚弄头发的动作非常敏感，虽然可能很多女性都出于无心，但是大多数男人都会觉得女人的这个动作是在卖弄风情，那种无意之中散发的妩媚与性感会让男人浮想联翩。

我们留好看的发型，不单单是为了吸引异性（就算是为了吸引异性，为悦己者容又不是什么丢脸的事），还是为了愉悦我们自己。在如歌的岁月里，女人精心地呵护自己的长发，在长发飞舞中展示自己的美丽，彰显自信。多少生活的无奈，多少光阴的瑰丽，都会在飞舞的长发里，或淡然而逝，或翩然凝思。否则，也不会有那么多姐妹为了"掉头发"这件事而苦恼了。

爱自己的身体，爱自己的羽毛，这是连动物都会做的事，更何况我们是清醒而理智的现代人！想想那些被教育体制束缚的青春期的孩子，我们不是更应该爱惜自己的头发，给自己做个漂亮的发型？新版电视剧《红楼梦》热播的时候，"铜钱头"引发了多大的争议啊！林黛玉、薛宝钗、王熙凤，一水儿都被贴上了"黄瓜片"，发型上的一小"变"，引发了红迷们的一大“辩”，可见女人的发型对整体气质形象有多么重大的影响。

最后，让我们再听一遍罗大佑那首老歌：“穿过你的黑发的我的手，穿过你的心情的我的眼。如此这般的深情若飘逝转眼成云烟，搞不懂为什么沧海会变成桑田。牵着我无助的双手的你的手，照亮我灰暗的双眼的你的眼，如果我们生存的冰冷的世界依然难改变，至少我还拥有你化解冰雪的容颜……”是否想起了那些久违的画面，初恋的情侣，长发飘飘的女孩，三千青丝瀑布般倾泻下来，如山花一样烂漫。人在画中走，指在发间游，长发随风飘起，让人无限遐思……

走，做头去！

7. “太平”照样当“公主”

说到丰胸这事儿，我就想到一个好友高中时的趣事。那会儿我们住一个寝室，整栋楼到时间统一关灯，如果你洗脸洗脚洗衣服这事儿没有在关灯之前麻利儿做完，那就只能借着楼道里微弱的灯光摸黑行动。除了这位女友，我们其余的七个人都是以迅雷不及掩耳之势快速行动着。她不着急不着慌，偏偏等熄灯后，我们都上床了，她再开展秘密勾当——丰胸。这家伙不知道哪里搞来的丰胸肥皂，据说效果超级好，就趁着熄灯之后宿舍都黑了，自己猫着洗呀洗擦呀擦，幻想着第二天自己的飞机场就变成小山包。那会儿最经典的桥段，就是宿舍老大趁其不备伸过去一只手，掐着嗓子说：“美女，让我摸摸——”然后就听见丰胸女惨绝人寰的叫声，再然后就是宿管科老师在楼道里大声喊：“哪个寝室的，不睡觉，乱喊!”

事隔多年，却并不如烟，丰胸女捧着肥皂神圣如仙丹一般的神情至今仍是我们聚会时互相调侃的最好佐餐菜。好在，现在丰胸女并不再为此事烦恼，而是想开了，任由“飞机场”平坦着，享受“太平公主”这个雅号。人家说了：“有什么大不了，等生完孩子，自然大了!”

咱女人啊，就得先有这胸怀，再去追求胸！平胸怎么了，不是流行骨感美么，骨感就是穿小号衣服，把自己塞进大号童装里，既然要扮嫩装萝莉，那胸不平点儿行么。再说了，现在就有人专门喜欢这样的，多少文艺男青年，不分年龄段大小，就口口声声承认自己喜欢“太平公主”。

当然了，有种顺其自然的心态是好的，非要改变现状，就得找准策略。当年那姐们儿用肥皂增围失灵，郁闷得够呛。她妈妈安慰她说：“你才多大，还没长全乎，着什么急！”算一算，那会儿我们就十七八，确实不大，还没参加成人礼呢。拿个不明来路的东西在身上擦啊擦的，没出一身斑斑点点已属万幸，没“缩水”更是值得庆幸。现在活明白了，想让自己“挺好”，还是得从嘴里下功夫。可别去做隆胸手术似的，你想想，在身体里装两坨东西，晃来晃去有多难受。万一再感染了、破了、发炎了，哎，你找谁哭去！至于影响育儿什么的，专家更是写了长篇巨著来论述物理丰胸的危害，还是不建议大家胡乱尝试。实在想丰胸的话，喝鲫鱼汤吧，吃木瓜吧。

虽然我没有切身体验，但是，我真的亲眼见证过。真的，我要是敢说瞎话，罚我明年胖五斤！大学时候我的室友S女（姑且用丰胸之后的效果来叫她吧），在宿舍大熬鲫鱼汤。别以为我们住的是多高档的宿舍，不是，就是最简单最普遍的那种六人宿舍。宿舍里是不允许用电饭锅这种电器的，但是丝毫不能阻挡一个渴望丰胸的女孩冒着被没收的危险在宿舍里煲靓汤。鲫鱼一条一条葬送在我们寝室里，室友的胸部真的一点一点丰满了起来。眼见得从B杯直逼C杯，她洋洋得意，丝毫没有罢手的意思。另一室友M女羡慕地说：“S，你一低头就看到自己那么漂亮的胸，就没心思看电脑写论文了吧！”

S女另外一个嗜好就是吃木瓜。她自己说是爱吃，我们一致怀疑，她就是为了丰胸而吃。据其他人反映，确实有效。我因为不喜欢木瓜的味道，就没加入到那个“木瓜帮”，反正，S女上学那会儿做兼职挣来的钱几乎全部用来买鲫鱼和木瓜啦！幸好是在南方，若是北方，买个木瓜还真不是件容易事儿！

好了，俩闺蜜的故事我都抖出来了，趁着她们还没发现，尽早闭嘴。把这压箱底的事拿出来说，就是想跟姐妹们分享一个道理："太平"照样当"公主"，那奥黛丽·赫本美不美，那是全世界公认的、最没争议的公主嘛，没见她是波霸呀！是不是公主，气质好不好，咱看的是胸襟、胸怀，不是胸围！有胸襟有胸怀，咱就是那仪态万方高高在上的美公主；没胸襟没胸怀，胸围再大那也是菜！

8. 胖胖的， 也要笑笑的

说完丰胸说减肥，这俩事儿碰一起还挺矛盾，因为，喝鲫鱼汤喝多了，胸是丰满了，脸上、腰上、大腿上弄不好全都丰满，跟骨感的时尚对着干了，还得费劲儿减回去。这事儿吧，你还真得想开点儿，我的意见是，到了30岁，就别再琢磨减肥了，真的。用我一姐们儿的话说：“人生在世，不言体重！”林黛玉瘦吧，最后呜呼了。薛宝钗胖嘟嘟的，人家当上了明媒正娶的少奶奶，遂愿了。

如果要我向你讲减肥的方法，真的三天三夜也说不完。还不说中医西医、物理化学、针灸经络、运动节食等各种理论书上说的那些了，光我亲身试验过的就难以计数。我最凶悍的时候，尝试苹果减肥法，就是连着三天只吃苹果喝水，其他的一概不碰。那叫一个难受啊，怎么形容呢，第一天勉强撑住，第二天眼睛发绿见什么都想吃，第三天很神奇，居然不饿了，也不想吃别的，但是开始头晕。那天还刚好约了朋友去打篮球，我抱着篮球站在罚球线那里定投，就觉得篮筐在我眼前晃，接着整个大地都在晃——不是地震了，而是我晕了。凭着最后一点清醒意识，我没倒下，而是蹲下了，不停冒虚汗。一起打球的俩朋友说我当时脸煞白，她们都快吓死了。不过，我当时并不害怕，相反，在窃喜，觉得自己挺了三天没吃饭光吃苹果，减肥成功了！到了第四天，按理说我应该恢复正常饮食了，但是，偏偏自虐还上瘾了，我继续吃苹果，而且出现了一种奇怪的现象，肚子不饿，连苹果都不想吃了，水也喝得很少。就这样，我坚持到了第七天，然后就不行了。急性肠胃炎发作，大半夜就被送进了医院输液，医生奇怪，太平盛世，朗朗乾坤，竟然有人被饿成这样……

这件事的直接后果是，我瘦了五斤，但是病愈之后养身体，男友使劲儿给我往嘴里塞好吃的，又反弹回来，反而胖上两斤。更要命的是，我从那以后跟苹果这东西断了缘分，一口都不再吃，今天依旧。

我自爆家丑以身说法，就是为了跟大家说清楚，别为了减肥跟自己过不去。如果不是影响健康那种肥胖症，如果肥肉没有给你带来高血压高血脂脂肪肝心脏病等症状，就别去招惹它。女孩子，富态一点还是招人爱的。为此，我曾经“拷问”我老公，我是不是要减肥？他说，胖点好，别减。我以为他是讨好我敷衍我，转向问其他男同学、男同事。不料，众口一致，说，女孩子还是胖一点好。当然啦，总有猥琐之徒说得直白些：“胖一点，珠圆玉润，抱着舒服！”虽然这家伙斗胆包天冒犯了咱女性威严，不过，话糙理不糙，确是实情啊。贾宝玉见到姐姐的白手腕和妹妹的白膀子，眼馋得迈不动步。你说，他要是见到一只枯瘦的鸡翅，能有这 YY 的想法？

放着减肥种种对身体不利不说，减肥的过程也绝对是难熬的。没有任何“轻松”减肥的捷径可走，从针灸到运动，从瘦身汤到按摩膏，都是要伴着“节食”这件事的。你说咱每天拼死拼活上班挣钱，为了减肥咱还不能吃口热乎饭，何苦啊这是！我一好友 Q 妹，30 岁那年尝试了一次“灌肠减肥”。那罪受得，五脏六腑恨不得都从肛门掉出来，厕纸用了几大包，连当月家里的水费都暴涨。最后，她实在忍受不了那个痛苦，吃了“泻立停”。

如果胖，咱就胖点吧，高兴就好，别没事瞎折腾了。别看演艺明星，咱看那些事业型女强人、女富豪，没有哪个瘦到皮包骨头。真的，虽然我本人离上流社会还有段距离，但是也跟他们略有接触，家境好、事业爱情双丰收的那些女人，确实有“富贵相”。咱不是宣传封建迷信，但是人的面相、五官、神韵、身材，跟他的生活环境、生存状况确实有关联。瘦成一把小骨头的美女想嫁入豪门，其实不那么容易的，人家管那叫“穷相”。

所以啊，别拿减肥这档子事欺负自己，该吃吃，该喝喝，享受美食那是人生一大乐趣，心宽体胖那是多少劳心劳力的人修不来的福分。我一闺蜜说了：“我把减肥当事业，至今一事无成!”那又怎样，她甜点冰激凌一样没少吃，丝毫不以为耻!

9. 不是“山楂妹”，何必装清纯

上了某导演某部电影的当，对“清纯”一词重点研究了一下。研究完了还自卑了一会儿惆怅了一番，跟闺蜜哭诉说：完了，咱的青葱岁月一去不返了，咱再也不清纯了，5555……我没有赢得共鸣，而是招来一通恶骂：“别装了，好像你清纯过似的!”

哦，这一骂倒给骂醒了。也是啊，初恋早在哪一年都记不太清了，当时觉得恋爱最好的地方在于有人帮我抄作业。哇咔咔，有这个目的在，也算不上清纯吧。那个号称“清纯”的电影，说白了就是一高干子弟富二代勾引贫困女学生的事儿嘛，幸好他死了，要不死，早晚又多一怨妇。嗯，这么想，平衡了。

用不着装清纯，清纯那会儿，我们都挺傻的，留着傻里傻气的发型，穿着傻里傻气的衣服，信守着爱你一万年的诺言，一不小心就把别人给伤了，或者被别人给伤了，现在想想，不美。一点都不美。“栀子花，白花瓣，落在蓝色百褶裙上。”听起来似乎很美，但是据我所知，咱国内中小学生都算着，发生初恋的年纪，都没穿着那么好看的裙子，都是男女统一的运动服！犯不上被两句煽情的歌词忽悠得找不着北，从嫁汉吃饭的角度看，咱跟宝姐姐的目标都是一致的——谁乐谁明白。

记得有位强悍的前辈姐姐说过：“假如有一天我变成流氓，请记得告诉我我曾经清纯过。”谁没年轻过，谁没死心塌地过，谁没黛玉葬花西施捧心地泪雨连连茶不思饭不想肝肠寸断过，有什么用呢？那些说着山盟海誓的人，早已经不知所终；那些栀子花树底下弹着吉他说我爱你的俊美少年，早被房子、车子、票子、妻子、孩子压成秃顶中年男了。心智不再，就别再气质上死磕。咱不清纯了，咱清醒也不错。

心理上不“清纯”了，气质上也就很难再清纯。朋友是位美女，30岁生日的时候特意给自己做了个新发型，拉直了长发，染得倍儿黑，还齐眉剪了刘海，乍一看就是个标准的“乖乖妹”。可是生日过完了，美了两天，反复照镜子都觉得自己怎么那么“装”啊。妹妹头就是妹妹留的，自己已经被人叫了几年“阿姨”了，年纪也有三张，怎么还那么“二”呀。她对着镜子挤眉弄眼比划半天，还学着90后们做嘟嘴照，再画个“狗眼妆”（据说这是很时尚的一款妆容，把上眼线使劲儿往下画，眼角下垂，小狗一般，惹人怜爱），照了一张大头贴做纪念，然后自己动手，就把那排齐刷刷的刘海硬生生分到一边去了。

“老了，老了！”朋友慨叹着。真的“老”吗？其实不老，她保养得很好，只是心境不一样了。她已经当惯了知性美女，心里的小算盘运算起来不逊于Windows2000。人长大了，成熟了，就得有属于自己的气质和风范，开到旺盛期的牡丹花就理应享受自己的雍容华贵，而不是强行期待自己再回到含苞未放时。如果这点儿心境都没有，这点儿坦然都没有，光指着在外形上捯饬捯饬，弄个头发画个妆换身卡哇伊的衣服，那就真难逃“老黄瓜刷绿漆——装嫩”的恶名。

还是那句话，黛玉有黛玉的风流，宝钗有宝钗的韵味。20来岁时我们玩点小清新小文艺病病歪歪期期艾艾娇花照水弱柳扶风也就算了，到了30岁时，就自自然然体会做不见奢华惟觉淡雅任是无情也动人的美好吧。

10. 百死不悔美鞋控

“在这纷纷扰扰的世界，美丽的鞋子是唯一的天堂。”

如果你一下子就迷上了这句话，那咱就算找到知音了。如果你一下子就认出这是台湾爱情奇幻电影《人鱼朵朵》中的电影台词，那我们就该握握手啦。如果你是美鞋控，看到美丽的鞋子就走不动路，那咱是不是该拥抱一下下？

爱鞋子，爱美丽的鞋子，是女人的天性。《重庆森林》里，金城武用自己的领带为林青霞擦她那双白色高跟鞋时说：“一个漂亮女人的鞋不可以风尘仆仆。”带上金帅哥的鼓励，扫一眼我们当年鞋柜，嗯嗯，是不是还应该再添置两双新鞋？哈哈，无视 LG、BF 们的抗议，抗议了也无效，因为我们亭亭玉立的身段必须有好的鞋子做“根”才行。

别小看一双鞋子，它跟咱女人的社会地位可是息息相关。中国最有特色的“国宝”之一就是女人裹小脚。缠足具体的起源年代尚有争议，但是这个陋习被延续了一千多年，主要目的就是限制女人的自由，把女人禁锢在闺阁之中，对她们的活动范围加以严格的限制，以符合“三从四德”的礼教，从而达到按男子的欲望独自占有她的目的。缠足还会使女人的体态和性生理发生变化，从而更好地承当延嗣后代的生育工具。

现在，这个噩梦已经成为遥远的过去，我们可以随心所欲地选择喜欢的鞋子和喜欢的生活方式。再不会有人强制你在家里围着灶台转，充当洗衣机、保姆和保洁员，你有更广阔的社交圈子、职场圈子和娱乐圈子。为什么不挑选一双美丽的鞋子，以最佳姿态漫步人生路？

“爱情会逝去，但高跟鞋永远都在。”《Sex And The City》中 Carrie 这句至理名言不知鼓舞了多少女人义无反顾地在鞋店里刷爆了信用卡。异曲同工之妙的是《人鱼朵朵》里徐若瑄的那一句：“一双鞋能说多少故事，一双鞋和一个人陪伴一个人的时间究竟谁比较长呢？”既然男人来来去去不靠谱，倒不如让我们脚下有根，踩一双舒适的鞋子闲庭信步——哪怕它有点贵，哪怕它永远是“下一双”。

高跟鞋给我们挺拔的身姿、自信的步态，芭蕾鞋给我们优雅的气质、公主般的华贵，长靴给我们性感，短靴给我们俏丽，没有 UGG 你不够时尚，不玩波鞋你就 OUT，哪怕是冬天家里的一双棉拖鞋，都可以做成各种可爱的卡通头像让我们心情好到不行，鞋子，这么奇妙魔幻的东西，多买几双何罪之有！

注意了，我没强调高跟鞋，虽然我自己很喜欢。这两年时尚界流行“基本款”，连带着鞋子也走平跟路线了。难道是为了省材料而不做高跟做平跟？呵呵，玩笑了。不管怎么说，这对于“美鞋控”们来说这都是一条大好信息。我们不用把脚趾头挤得生疼腿肚子累到转筋后背痛到难以忍受了，我们可以穿着 2 公分的平跟鞋昂首阔步，享受大步走的乐趣。我们不必站在“10 公分”的上面“俯视”世界，但这并不代表我们眼界变得狭隘。一双漂亮的高跟鞋确实有某种化腐朽为神奇的力量，它能让一个平凡的女子化身成高贵的女神。但真正能驾驭高跟鞋的女人并不迷信它，因为她们心中很清楚，无论是穿上或者脱下，自己的内在都不曾被改变过。

纵容一下这个小乐趣吧，只要不让财政状况恶化，买双心仪的鞋子有什么。踩在喜欢的鞋子上，就好像自己登上了喜马拉雅山，那种征服世界的快感，是老公、男友都不能给予你的。鞋子曾经是、现在也是武器，所以女人们爱鞋的劲头就像爱枪。亲们，带着你的私家武器，上路吧！

11. 包罗万象最迷人

有一阵子，爱上“搜包行动”，在微薄、开心网以及其他网站上看名人的搜包游戏，也关注杂志上各种搜包图片，本着八卦就是一切的基本思想，我还搜了几个女友的包。她们以其人之道还治其人之身，把我的包抄起来也是一阵狂搜。没什么，就是好玩。连带着，通过你这包，看看你这人的“另一面”。

古人说，闻香识女人；对于搜包族来说，看包识女人。背哪种款式的包，哪种颜色的包，哪种价位的包，什么品牌的包，包里装哪些东西，很能看出一个女人的品味和偏好。你若不信，打开一个女强人的柜子看看，所有不同牌子的包都会是一个公文包的款式；再打开一个文艺女青年的柜子，帆布包必定占有半壁江山。偶尔，她们会心血来潮换换口味，买个新款式尝尝鲜，但是过不了多久，那个倒霉的尝鲜货还是要稍息立正到一边凉快去。

女友Q妹有句名言：“钱是女人的命，装钱的包就是命根子。”某次，Q妹挤地铁遭遇了扒手。小偷无德，偷就偷吧，还用刀划了Q妹的包。虽然不是什么大牌子价值连城的包，却是跟了Q妹好几年的至爱。Q妹曾经弄坏过上面的一个小搭扣，她抱着试试看的心态去店里修，不但享受了春风般温暖的服务，还花了五块钱，拥有了全新的搭扣。她说这包是经历过考验不离不弃比男朋友还靠谱的伴侣。可这伴侣偏偏命运不济，被小偷在“后背”上划了个大口子，再无修补的可能。

钱包丢了，Q 妹顾不上伤心，只知道为这包心痛了。

爱包胜过爱钱，恐怕是无人能出其右了，不过 Q 妹说了，钱丢了还能再挣回来，丢了的卡还能再补办，坏了包可就再也不能用了。包用了那么长时间，上面附着自己的灵魂和味道，被小偷划了那么一刀，自己的元气都跑了一半。她这话有点危言耸听，不过愣是让我们傻感动了半天。那年 Q 妹生日，一大姐还特意到那家店买了另一个款式的包送她做礼物。

大观园里的黛玉宝钗们倒是不用背包到处跑，这是古代大家闺秀跟我们今人最大的不同。有时候我想，像我们这种喜欢大包包的人注定是“劳碌命”吧，书、本子、杂志、报纸、手机、钱包、上网本统统要带着，包不大怎么行！像 Q 妹那种人，甚至还会在包里带备用丝袜（当然是带包装的新丝袜了，以防身上的那双临时被刮坏出糗）、折叠小伞、化妆包、数码相机、卫生棉……哎，几乎女人用得到的家私，都能在她的随身大包里找到！我倒是佩服那个小偷，能够在拥挤的人群里从容地划破她的包并且准确地找到钱包！

背大包的女人是一道风景，带着强势干练的姿态，拥有自信坚强的气质。像《心动的感觉》里的苏菲·玛索，那个追求事业、重视学业，又渴望爱情的女大学生。

背坤包的女人是别样一种风情，小巧玲珑的包是她精致的点缀，无论挎在臂弯，还是拎在手中，看上去都有一种小家碧玉的婉约娇媚。配上中古风的旗袍，或是西洋风的淑女装，都挡不住那一股迎面而来的温婉韵味。

最近还流行大小各一，手里拿着小手包，肩头再来个大挎包，粗中有细，豪放中有柔情。或有辣妈肩头挎个大包，手中抱着一个 baby，那更是一道独特的风景——即便包里装的是奶瓶、卫生纸、尿不湿，那也是别具风情啊。

包外面一个花花世界，包里面一个微型乾坤。谁说女人的心难猜，只是男人们没留意过罢了。我们不停地买包，看到美包就迈不动脚步，只因为我们太爱这个包罗万象的世界罢了！

12. 做女人，就要香香的

20岁生日那天，安收到平生第一瓶香水，那时，她还不知道Dior为何物。送香水的男生脸红得一塌糊涂，吭吭哧哧半天也没说出一句像样的话，只是反反复复说，我，我觉得，觉得这个适合你。安低一个头，说，谢谢你，我是不用香水的。这份礼物被拒收，这份感情尚未开始就宣告失败。

失败却不等于结束。

22岁的夏天，安大学毕业，要离开生活了四年的城市。她一直都不喜欢那座城市，她发誓这一走，再不回来。男孩来送她，带来一瓶Dior。这时的安已经知道它的价格，并且知道以男孩的工资来算，买这样一瓶香水太奢侈。男孩说，安，你留下吧。安低一个头，说，谢谢你，我不习惯用香水。这份礼物又被拒收，这份感情第二次宣告失败。

失败之后还有续篇。

25岁生日那天，安独自一个人回到租住的蜗居里，煮一碗“康师傅”作为长寿面。房东太太敲门送来一个快递包裹，用难懂的上海普通话说：你的邮件，我帮你签收了。安说了谢谢，一边疑惑，一边拆开那份小巧的包裹。又是Dior。又是他。然后，她接到他的短信，只有五个字：安，生日快乐。安的眼泪就那么决堤一般涌出来。在上海打拼的几年，她成了梦寐以求的白领，进了光鲜亮丽的写字楼，熟知各种化妆品和香水的品牌，也有各种男士以各种方式送她价值不菲的礼物，但是，她再也遇不到这样细心周到的关心和呵护。她想回短信，可是不知道说什么。她忽然意识到，这个包裹是从上海寄来的，而不是从当初的那座城市。他也来了，但是他一直没找她。他在默默奋斗着，努力打拼着，争取给自己喜欢的女孩创造最好的生活。他对她的心一直未变。他一直在她身边。她终于习惯了有香水的陪伴。

这是我的闺蜜安的故事。一个关于香水、关于爱情的故事。在他们的婚礼上，这个故事被拍成一部小规模的文艺片。我从来没觉得安世故，相反，我觉得她是个幸福又幸运的女孩子。

我们出生在80年代早期的这一代人，算是比较晚熟的，性别概念非常模糊。没有哪个女孩子早早知道香水的意义和用途，毫不夸张地说，有人把花露水当做香水用。

爱美之心发育得晚，情商也就发展得慢。若是早早读到诗人瓦莱里那句："不洒香水的女人是没有未来的。"或者早几年听说玛丽莲·梦露的名言："我，只穿NO.5入睡！"可能很多曲折的故事就要改写了。

香水之于女人意味着什么，似乎没有一个确切的答案。但是曹老爷子既然让贾宝玉说出"女人是水做的"话，就说明这种水势必与女人有解不开的缘分。至于，女人究竟是什么水？那还用问，香水呗。

有人说：女人是水，香水也是水，而擦香水的女人则变成了雾。女人们用香水挥发清香、表达性格、传递信息、吸引注意。当那阵似有若无的清香拂过，你知道是谁在靠近，清香将你围绕、迷醉、浸透、同化，让你忘了周围的一切，只注意到它。然而，在前味未散、后味尽染之时，人却已然离去，仿佛一阵轻烟无影无踪、无迹可寻，那不是"雾"又是什么？

《闻香识女人》用女人香来讲述两个男人的故事，失明的中尉拥有灵敏的鼻子，能分辨出女人使用的各种香水，与其说这是他对女人痴迷倒不如说他是对那种味道痴迷，对他而言一种味道代表一种女人，或娇羞，或神秘，或妖冶，或清新……原来男人是用他们的鼻子来选择女人的。

而对于女人，香水则是她们的武器，用来征服男人的武器。作为性感代名词的女人香，很多时候发挥的是一种引诱剂的作用。西施体有天然幽香，于是吴王为她修了采香径和香水溪；杨贵妃用麝香掩饰她多汗症的体味，便成就了“泪如红冰滴，汗如香玉流”，引得唐玄宗为她修了一座沉香亭；历史中的香妃断然没有传说中的美貌，可是她的体香却让乾隆皇帝沉迷其中、无法自拔；埃及艳后克丽奥佩特拉用她的美貌和香气迷惑了罗马英雄恺撒，换得了埃及22年的和平；原本平凡的英伦玫瑰戴安娜以“迪奥小姐”获得了王子的青睐，开始了她短暂却传奇的一生……香味的诱惑就是那么不容抵挡，这条定律无论古今中外都同样适用。

女人使用香水，绝对不只是为了向男人们“献媚”，吸引异性只不过是香水的一个功能而已。更多的时候，香水只是为了表达一种心情，从灵魂中散发出来的香气表达着女人的期盼与渴望。那是一种淡淡的情愫，似有若无却久久不散，不随波逐流也不恣意等待，淡淡的诱惑和疏离构成了一种专属女人的矜持。女人追求着这种味道，一种专属的味道，一种一见钟情、独一无二，类似于初恋的味道。那是记忆当中的一个人、一段往事、一种风物，淡得摸不到又浓得化不开。

女人是需要香水的，无论你会不会用你都得用，因为那位老诗人已经说了“不用就没有前途”。不管这是不是危言耸听，使用香水总是没错的，至少它能让你变得更优雅，因为有了香水，女人也才更像女人，不是吗？

第八章

属于女人的加减法

于丹教授曾经讲过她自己的“加减法则”，她说：“人在三十岁以前，是用加法生活的，就是不断地从这个世界上，收集她的资格、她的学习经验。财富、情感、名誉，这一切都是在用加法的。其实物质的东西越多，人是越容易迷惑的。怎么样能够到四十不惑呢？这就是三十岁以后，就要开始要用减法生活了，就是不是你心灵真正需要的东西。学会舍弃，而学会减法，就是把那些不想交的朋友舍掉了，不想做的事情可以拒绝了，甚至不想挣的钱，你可以不受那个委屈了。当敢于舍弃的时候，人才真正接近不惑的状态。”这个光怪陆离的世界，有太多吸引我们的东西，知识、思想、经验、人生、自然、社会，大到宇宙之浩渺，小到沙粒之微末，每天都有新认识、新理解、新感悟、新提高。我们必须用“加法”不断往自己身上加码，才追得上狂飙向前的社会；我们又必须学会用“减法”剔除那些社会附加给我们的、本不需要的东西：幼稚、无知、私心、私欲、贪婪、狂傲不逊、非理性……该争则争，该舍则舍。加法，满足我们的欲求；减法，圆满我们的人生。

1. 收集“小确幸”

我没有读过多少村上春树的小说，但是他的一本随笔印象很深刻，名字叫《兰格汉斯岛的午后》。该书是上世纪80年代杂志专栏文章结集而成，纯粹是短篇散文，薄薄的散文集每篇都配着安西水丸的开页插画。文章写的都是生活琐事，25篇散文很快就可以读完。文风朴实而不虚幻，没有小说中那些伤感寂寞。透过村上敏感独特的视角，日常平平无奇的闷人事物都变得轻松可爱，而且充满幽默感。

书中有篇文章叫“小确幸”，就是说生活中“微小但确切的幸福”。哪些是“小确幸”呢？很多事物都可以，只要你用心去体会就成。在文章中，村上说他自己选购内裤，把洗涤过的洁净内裤卷摺好然后整齐地放在抽屉中，就是一种微小而真切的幸福。

感谢译者，“创造”了这样一个贴切而个性的名词。年轻的时候人们多少都有点“为赋新词强说愁”的毛病，动不动就怀疑人生、叩问生活，其实，就是对眼前细致微小的幸福缺乏真切的感知。如果30岁的时候要送自己一份大礼，我建议你买一个玻璃瓶子，用它来收集每一天的“小确幸”。

瓶子里，要塞满这样的字条：

今天，在会议室开部门集体会，我发现部门同事都在聚精会神听我讲话，刹那间，有种被尊重被信赖的感觉，好幸福。

今天，突发奇想，也许可以在公司内部刊物上发表一篇问卷式的调查报告，主题是“30岁的人在想些什么”。问卷一下去，出乎意料，大家都不知道自己在想些什么、该想些什么。答案最多的竟然是“睡觉”，有一个同事的答案是“看人”，因为她觉得“人”很好看，很可爱。这年头能认真用心看别人的人已经不多啦，这位同事挺让人感动的。

今天，忽然有一个小孩子认真地问我：“世界上究竟有没有圣诞老人?”看看她，心想，一个中国的小孩子，怎么从小就这么崇洋媚外呢。但是，又不忍心破坏她的好奇心，只好反问她：“你说呢？你认为有没有?”

“我认为有，可是我的同学都笑我，说那是骗小孩的。你是大人，你说，到底有没有?”看她纯真的样子，倒是没有半分崇洋媚外的嘴脸，于是对她笑笑说：“你说有就有，相信自己的判断!”

今天，在《老子》书中看到“五色令人目盲，五音令人耳聋，五味令人口爽，驰骋田猎令人心发狂，难得之货令人行妨”这段话，真是心戚戚焉！原来自己忙来忙去不过是被欲望驱逐着盲目前行，早看到圣贤书，早就没这困惑了！

今天，在路边看到一个脏脏的乞丐，心想到底乞丐是真是假？要给多少？却听到稀里哗啦硬币倾倒在盘子内的声音，转头一看，一位小姐面带笑容，满足地往前走了，我不禁一阵感动。

今天，在地铁上看到一位妈妈给小女儿梳头，一头黑黑亮亮的头发扎成一根根麻花辫，像非洲小姑娘，也像足球场上纵横驰骋的“小罗”。真好玩。

今天，看到菜市场上处理一堆仙桃，桃子其实是好的，只是品相不佳，摊主只好贱卖。尝了一口，味道很甜，于是很痛快地买下5斤，回家吃个痛快！

今天……

只要有心，今天，明天，后天，你每天都会有不同的感动。有一段非常美好的话：“你不能决定生命的长度，但你可以控制它的宽度。你不能左右天气，但你可以改变心情。你不能改变容貌，但你可以展现笑容。你不能控制他人，但你可以掌握自己。你不能预知明天，但你可以利用今天。你不能样样顺利，但你可以事事尽力。”把它贴在自己办公桌前，时时激励自己，此时此刻，幸福就在你手中。宋朝有位禅宗师父说得好：“春有百花秋有月，夏有凉风冬有雪，若无闲事挂心头，便是人间好时节。”让感动的瞬间，变成生命的永恒吧！准备一个漂亮的瓶子，把这些“小确幸”好好地珍藏起来吧，这是生活送给我们最好的礼物，何必好高骛远，期待那看不见摸不着的“幸福”？

2. 保险意识

我很崇拜我妈，二十年前就开始买保险了，那会儿大部分人还不知道保险为何物，或者，觉得那是个骗钱的玩意儿。现在，所有的理财书籍、理财专家都在建议人们买保险，我妈已经开始怀揣一大堆凭证坐享收益了。每每提到这件事，我妈的得意之情就溢于言表，然后问我：你买什么保险了，要不要我给你参谋参谋?

我没我妈那种眼光，活了三十年了，我只有一次买保险的经历，还是在匆忙中做的决定。保险公司的人三番五次给我打电话，推销一种保险。人家当然捡着好的说，我完全不懂得用马克思主义辩证法去分辨其中的是非对错，光想美事儿了，大义凛然就同意买一份。签了字，交了钱，三分钟热度过了大半，才想起来要找个专业人士咨询咨询——至少，也得跟买过保险的人咨询一下吧。

咨询之后就傻了眼，知道自己买的是个口碑很差的公司的很不靠谱的一个险种。朋友看着我怪可怜的，就说，赶紧退吧。还能退？太好了。我赶紧打电话给那个保险经纪人说我这份保险不买了，要退。买容易，退可就难了。我这边说破大天，人家那边早就准备了五色石开始女娲补天。想必人家对我这种吃后悔药的人已经见怪不怪，我说一万句人家有一亿句等着我。后来把我逼急了，我就说，爱咋地咋地，反正我不买了，你得给我退。我宝贵的第一次要流氓的经历奉献给了保险公司。

庆幸的是，他们没跟我要流氓，还是比较顺利地帮我退了。

这次失败的买保险的经历却唤起了我对保险的兴趣。除了没人爱，女人们最害怕的是什么？无疑是变老和没钱。而又老又穷对女人来说有时候比没有人爱更加可怕，作为心理上的弱势群体，女人的安全感被物质化和现实化是完全可以被理解的。男人靠不靠得住那得看你的造化，工作靠不靠得住那得看你的价值，以后的孩子靠不靠得住那更是个遥远的未知数。

怎么办？给自己留条后路比什么都实惠。很多保险的险种，就是摸准了女人的这种寻求安全的心理，应运而生。更何况，保险除了保障的功能之外，还可以作为一项投资，是会产生经济回报的，李嘉诚都说："别人都说我很富有，拥有很多财富。其实真正属于我个人的财富是给自己和亲人买了足够的保险。"连投资超人都这么说了，咱还有什么好怀疑的。

现在的劳动法规定，企业需要给员工购买"五险"，包括养老保险、医疗保险、失业保险、工伤保险和生育保险。其中养老保险、医疗保险和失业保险，这三种险是由企业和个人共同缴纳的保费，工伤保险和生育保险完全是由企业承担的，个人不需要缴纳。

这样看来，只要我们进入一个合法正规的企业上班，就不用为保险发愁了，为什么还要强调保险这回事呢？这主要是因为，虽然法律这么规定，却有很多企业不按规定办事，为了省钱，企业给员工缴纳很少的一部分保险，或者干脆不给交，以现金的方式发放给员工。有些女孩在年轻的时候不在意这些，觉得有现钱比保险好得多，这说明还是没有"保险"意识，没有为自己的以后打算。

保险，就是为了防患于未然，为你的突发状况埋单。倘若你遇到了什么突发状况要用钱，却又不在那"五险"之列，就得自己想办法。所以，很多保险公司推出了"人身意外险"、"大病险"等险种，你定期往里存入一部分钱，待你需要用的时候，保险公司按合同赔偿给你。这就需要你选择一家可靠的保险公司，选择一种最适合你的保险险种，而且，你还要在经济状况允许的情况下去买，让自己勉强背上过重的付款压力去买保险是得不偿失的。

总之，商业保险在我国还不是一项太成熟的投资活动，虽然理财书和理财专家们都强调买保险，但是究竟哪一款保险最适合你，还得根据个人情况而定。像我早先那样不打听清楚光听收益好就盲目投资是最失败的举措，千万别效仿。

3. 安全第一

女人是弱者。我没有歧视的意思，我自己也是女人，但是我毫不隐讳地承认，女人是弱者。体力上就不用说了，社会上客观存在的性别歧视让女人永远难以摆脱弱势的地位。很多女强人凭借自己的智慧在学校拿了高学历，在职场上取得了高薪水高职位，但是她们都付出了比男人多几倍的汗水和泪水。如果不是出身豪门、天赋异禀，女人想在社会上做出成就太难了。

所以，女人需要安全感，需要被保护，从生下来就是如此。在家的时候靠父母，出嫁之后靠老公。一个男人能否给自己安全感，是择偶的重要标准。

然而，很多女人在结婚之后，发现老公并不是她们想象的那样。男人思维大条，男人不体贴，男人邋遢，男人花心，男人要么挣不到钱要么乱花钱，男人的钱给她花也给别的女人花……虽然这个男人在婚礼上当着众人的面把自己从父亲手中接过来，表示自己要代替岳父照顾她，实际上他远远不能像父亲那样给自己安全感！

这个时候，女人失望了，彷徨了。很多女人由着急转至猜疑，由猜疑转至癫狂。《为爱结婚》里的陆弥以为老公不再爱她了，缺乏安全感，竟然疯了。《婚姻保卫战》里的女人一个比一个凶悍，背后的原因也是因为身边的男人无法给自己足够的安全感。在《红楼梦》里，最缺乏安全感的是林黛玉。她认定了自己没有父母没有兄弟姐妹是个最倒霉的人，于是把所有的期待都压在宝玉身上。爱之深就责之切，她每天快乐着宝玉的快乐，悲伤着宝玉的悲伤，活着有什么意思呢？若是个聪明的，就好好享受姥姥对她的那份疼爱，要风得风要雨得雨，岂不快活得紧！

说透了，在这个世界上，没有人能够给你绝对的安全感。或者说，只有父母能够在有生之年一直呵护着我们，其他任何人都不可能再表现出同样的无私和强大。父母带我们来到这个世界，把我们养大，可惜终究有离开的那一天。女人希望丈夫、孩子能够将这种呵护接受过来是不可能的。丈夫就是丈夫，孩子就是孩子，他们有各自的生活和思想，不可能像你的父母一样疼爱你。所以，女人想获得安全感，就得让自己的精神世界强大起来。

首先，你要对自己的丈夫有信心。你要确定你是爱他的，而他也是爱你的。你们可能在爱的方式上有分歧，在对某个具体问题的看法上有分歧，但是一定要做到就事论事，不要动辄互相攻击。比如说，他迟到了，你应该撒个娇说："亲爱的，你害我等好久，我该怎么惩罚你呢？"而不应该板着脸虎视眈眈地审问："去哪儿了，你耽误我多长时间知道嘛？你这个人就这个德行，没有时间观念！"这样的斥责是非常伤害感情的。要命的是，骂完他你心里也不好受，免不了感慨一番：守时的好男人哪里去了？

其次，女人任何时候都不要放弃知识。有人说，只有金钱能够带来安全感。可是当他有了钱，还是会有失去的恐慌，担心某天再被打成穷光蛋，回到原来的生活。这也是不安全感的一种体现。比较起来，如果能够吸收一些有用的知识，在大脑里储备一点实用的智慧，你看待问题的角度就会有所改变，精神上就会强大起来。毕竟知识是偷不走、丢不掉的。这种生活智慧还能让你成为一个乐观豁达的女人，不至于整日怨天尤人、杞人忧天。心境开阔的女人能够散发出一种缠绵的引力，靠近她的人也会自觉地跟着放松，老公在外面忙碌了一天，回到家里如果能够看到你舒心的微笑，你赶他走他都不会走了。

最后，女人要善待自己。这句话说起来容易，做起来难。很多姐妹一结婚就完全放弃了自己原有的生活，变成围着老公转、围着孩子转、围着厨房转的“三转女人”，我个人觉得这是非常不可取的。记得物理学里“重心”那个词吗？如果一个物体的重心歪了，它就有摔倒的危险。人的精神也一样，当你的精神重心过于偏向老公和孩子，你的潜意识就会提醒你要“摔倒”了，而你的不安全感就来源于这种即将摔倒的恐惧。老公逼着你做家务了嘛？没有。孩子一定要你操心嘛？没有。你把自己变成了一个“无事忙”，就是不善待自己的表现。你要学着让老公、孩子分担你的家务，你腾出时间来爱自己，把偏移的重心逐渐挪回来，你才能平稳，才能感觉到安全。

4. 幸福指数高的房奴

女友有眼光，2004 年就在北京买了房子，当时特价优惠，一平方米 2000 多块。那是被她称作“鸟不拉屎”的偏僻的回龙观，现在均价至少 13000 元。聚会的时候她当着我们得瑟：“哎，当初真应该多买几套哇!”我们齐刷刷想用杯子丢她。

房子，房子，任何有关房价的风吹草动都能占据报纸杂志网站新闻的头版。有人质疑说，中国人的思维有问题，为什么一定要买房子？多新鲜，不买房子住哪里。我们可以租房子，但那永远是暂时的，没有个稳定居所。长了三年五年，短了半年一年，房东就会奸笑着跟你提若干理由提价或者撵你走，那个时候，你必须咬紧牙根儿在肚子里大喊一声：“NND，老子要买房!”是的，看到新闻里讲，年逾花甲的老两口没有自己的房子，只能露宿街头，因为没有房东愿意租房给他们，怕他们病死终老在自己的家里。不吉利。这样凄惨的晚年不是我们想拥有的，所以，早晚还是要买房。

一提买房，男女会有截然不同的反应，女人激动期待，男人紧张得心肝肺一起疼。房奴房奴，房子的奴隶，每月的工资发到手里还没攥热乎呢，就得转手交到银行去，很多男人心不甘情不愿。可是对于女人来说，能够拥有一套自己的房子，能够想住多久就住多久（暂不考虑拆迁和地震等因素），能够随心所欲地装修出自己喜欢的居住风格，那将是多么惬意的事情啊。不管《蜗居》遭到了多少质疑和批判，房子永远是女人的心之所向。看那《红楼梦》里，宁国府被抄了，剩下的媳妇丫头们投奔到荣国府，史老太太最先解决的就是她们住的问题。吃饭，却是要她们自己解决的。

这里，我们不讨论房子跟婚姻的关系，只讨论房子跟女人的关系。房子是女人的私密处所，是女人可以随意娇艳的地方，女人那肆无忌惮的美丽只有在自己房子里才会体现，厨房浴室卧室，随性而为。房子是女人的专有阵地，是女人的安全堡垒，没有女人喜欢不停地搬家，不停地飘来飘去，房子让我们心里踏实。回到自己的房子里，洗个芳香浴，看一集《Gossip Girl》，职场上的尔虞我诈都忘记了，又做回骄纵的小女人。

房子还是女人的安全感来源。女人是留守动物，男人是行走动物，没有比女人更需要房子的人群，房子带来的不仅仅是四面都是墙的盒子，更多的时候女人可以在里面找到安全感，这种感觉源自房子永远不会长脚自己跑掉，比男人还要可靠。房子是女人的大型玩具，女人可以把它当成孩子一样来打扮，装修，装成自己喜欢的风格。这和喜欢化什么样的妆、穿什么样的衣服一个道理

说来说去，女人就是需要房子。房奴一词肯定是男人造出来的，女人只要有属于自己的安乐小窝，花再多的钱也是愿意的。更何况房子可以当成经济储备。这年头啥都有可能贬值，唯独房价有增无减。住的时候不用担心贬不贬值，不住的时候，还有很多人需要房子，因为它是必需品。

说了这些，买不起房子的姐妹用不着绝望。实在买不来，我们还不能租么？我强调房子，意思是要让大家住得好一点儿。每天在外面奔波够累的了，回到“家”里要舒服，要自在，要有自己的颜色和味道，那才是“家”。刚刚到北京工作的时候，我跟传说中的“蚁族”一个样，

在海淀区北边租一个筒子楼的小单间，八九平方米，放了床，电脑桌，衣柜，书柜，几乎就占满了所有空间。但是每个角落都有自己喜欢的东西，床上有跟随多年的泰迪小熊，墙上贴着自己画的水粉画，书柜里睡着一位位“神交”的好朋友，心情好的时候约上好友在小窝里煮火锅吃，满屋子香气，满屋子憧憬。现在回想起来，仍是一段好时光。

不管你现在奋斗在哪个位置，处于哪个阶层，都要让自己住得舒服些，自在些。辛苦挣钱已属不易，就应该用这些钱换来快乐和开心。做一个“幸福指数高”的“房奴”吧，富有富的活法，穷也要有穷的乐呵嘛。

5. 属于女人的加法和减法

有没有那样一个午后，阳光正好，手边的咖啡正香，你沉浸在这暖暖的慵懒中整理早年的书籍和笔记，然后从一个本子里掉出一个纸条，那上面写着："×××同学，你要努力学习，一定要考上×××大学，加油!"字条上的笔迹歪七扭八，曾经被你嘲笑了很久，但是你视如珍宝，把它当成应试教育的书山题海里最美的鼓励。

就是这样的一个字条，让你打开记忆的魔盒，一头扎进时光隧道，回到那个栀子花开白衣飘飘的青涩年代。那时的你，没有耐克和阿迪，但是有理想、有追求、有动力。你穿着肥大的校服，踩着用白鞋粉涂了几遍的球鞋，奔走于教室和宿舍之间，追逐着你的大学梦想。偶尔，别人谈及某个名字，你会脸红心跳，舌头打结，但是你硬要装作若无其事，故意岔开话题。考出好成绩，拿到好名次，上个好大学，找个好工作，跟喜欢的人在一起……梦想是模糊又美好的，却引着你大步前行。你是那样的英姿焕发、斗志昂扬。

终于，你如愿了，去了你想去的大学，到了你向往的城市，离你渴望的生活又进了一步。在这期间，朝夕相处的同伴天各一方了，那个让你怦然心动的名字竟然落榜。第一次，你体会到失落，感受到无常。人言年少怅别离，你却固执地不说"再见"两个字，你觉得："地球这么小，通讯这么发达，哪儿有见不到的人呢!"然后，你潇洒地上路了。

这仅仅是因为你尚不知晓人生的种种不测、种种不舍。

你走了很多的地方、认识了很多人，你学着别人说行话黑话荤段子，也跟前辈探讨职场行走的高招和窍门。你从普通的小职员晋升到管理层，从捉襟见肘的月光族变成白领金领。你有了车子、房子、票子……不知不觉，你过完 29 岁生日，开始了三字头的人生。回想青涩年纪，一路走来，你都在为自己加压、加码、加油。你比以前更自信了，更稳重了，更圆滑更有心计，但是也生出许多鸡肋、负担、压力，你觉得必须在 30 岁来临之前为以前的人生做一次清算，于是，你学着做“减法”。

第一次给自己“做减法”，是放弃一场单相思的苦恋，你衣带渐宽、为伊憔悴，但是人家对你敬而远之，保持着不咸不淡的态度。你终于明白，不是所有努力都会有结果的，放弃是一种明智的选择。

第二次给自己“做减法”，是放弃一桩大单子，因为你发现货品质量有问题。你使公司损失了很多钱，被老板骂了个狗血喷头，但是客户对你赞赏有加。你由此懂得，人生总是有得有失的，舍弃眼前利益，谋求长远利益是更高明的举动。

就是在这样的“加减”运算中，你成长了，成熟了。儿时的梦想还在，但是你更侧重实现方法而不是凭空描绘蓝图；对未来的憧憬还在，但是你已懂得最好的事情要做最坏的打算；真善美假丑恶的做人原则还在，但是你能够恰到好处拿捏它们的界限，而不是泾渭分明，非此即彼。有那么一点混沌，有那么一点“堕落”，但是总有一些东西你一直在心底坚持着，那是岁月带不走的信念和希望。

这一天，一本旧书里的泛黄的字条，让你重温了自己的成长历程，想起自己如何从一条毛毛虫变成色彩斑斓的蝴蝶。书柜里还有很多日记、笔记，那是以前没有电脑的日子里，自己趴在被窝里、课桌上一笔一笔写成的，本子上的字迹见证了自己这些年来奋斗的历程，那上面有发黄故纸渗透彼时的潋滟春光。稚嫩的字迹似乎在嘲笑你：当年那个最痛恨数学的文科生，在回顾自己人生的时候，只用了两个字“加减”。

于丹教授曾经讲过她自己的“加减法则”，她说：“人在三十岁以前，是用加法生活的，就是不断地从这个世界上，收集她的资格、她的学习经验。财富、情感、名誉，这一切都是在用加法的。其实物质的东西越多，人是越容易迷惑的。怎么样能够到四十不惑呢？这就是三十岁以后，就要开始用减法生活了，就是不是你心灵真正需要的东西。学会舍弃，而学会减法，就是把那些不想交的朋友舍掉了，不想做的事情可以拒绝了，甚至不想挣的钱，你可以不受那个委屈了。当敢于舍弃的时候，人才真正接近不惑的状态。”

是啊，这个光怪陆离的世界，有太多吸引我们的东西，知识、思想、经验、人生、自然、社会，大到宇宙之浩渺，小到沙粒之微末，每天都有新认识、新理解、新感悟、新提高。我们必须用“加法”不断往自己身上加码，才追得上狂飙向前的社会。可是，高歌猛进了一阵子，我们又必须学会用“减法”剔除那些社会附加给我们的、本不需要的东西：幼稚、无知、私心、私欲、贪婪、狂傲不逊、非理性……人生看似复杂，细想起来也简单，不过是一加一减。加入财富，加入爱情，加入友情；减除多余的关系，减去奢侈的欲望，减掉心灵的负担。该争则争，该舍则舍，加法让我们成长，减法让我们成熟。加法，满足我们的欲求；减法，圆满我们的人生。

6. 一朵玫瑰伴随多少创伤

有的女人爱梅花，高洁脱俗；有的女人爱百合，纯洁俊秀；有的女人爱勿忘我，寓意深远。但是，所有女人都爱玫瑰，娇艳的，多情的，火热的，恣意的，让人涌起无限遐想，却又满身带刺，不由人胡来。玫瑰，是最恰当的女人的象征，而一朵美丽的玫瑰的成长，又要经历多少磨难，付出多少艰辛？

提到非洲，人们通常想到的是草原、大象、长颈鹿、干旱……其实不然，在非洲赤道高原上，有极蓝的天，极白的云，极绿的树，极艳的花和极沃的土。非洲也有芬芳，有娇艳。玫瑰花开的时节，靠近花圃的住宅里，床前，几上，窗下，案头，一室的玫瑰，一室的清香。非洲的“截枝玫瑰”在国际市场上供不应求。而非洲玫瑰的种植，几乎就是女人的成长写照。

进入玫瑰花圃，你会忘记自己身处神秘的非洲。通常，花圃坐落在青山秀谷之间，里面的玫瑰根连着根，枝挨着枝，密密地长在一溜儿塑料大棚里。每个大棚面积经过精密测算，都是 0.7 公顷，正好种下 100 行玫瑰。

精明又殷勤的非洲花农有自己独特的生意经，他们会从法国和荷兰进口优质品种，在非洲孕育出花苞，然后空运到世界各地。玫瑰的颜色也是他们经过深思熟虑才选定的，柔柔的淡粉玫瑰是俄罗斯人的最爱，

4/5的粉玫瑰都运往那里；明亮的黄玫瑰主要送往日本和英格兰；严肃认真的德国人和热情浪漫的法国人却都把深红玫瑰作为首选。

经营玫瑰园是“美丽的事业”，但绝不是浪漫的事业，跟商业沾边，谁都浪漫不起来。种玫瑰最重要的是质量，每一个环节都决不能忽略。花农买来根茎，先要用特种气体药物杀灭玫瑰根茎上肉眼看不见的细菌。滴灌系统每天定时浇水，每一株花儿都要浇到。一家中型规模的玫瑰圃，一天用来浇花的水就得500万升，对一年有9个月旱季的肯尼亚来说，保证水的供应，不仅是巨大的开销，也是巨大的难题。大棚的温度，一年四季必须严格控制在摄氏26度左右，晚上还得点燃数以百计的“火罐儿”，防止小虫咬花。

待到玫瑰花苞初露雏形，最紧张的时刻就开始了，每个棚里都得配上几十名雇工，来回巡视，察看玫瑰花苞生长的情形。截枝玫瑰的质量关键就看剪的火候，稍微剪早了，花苞就像早夭的少女，再也不可能开放。虽然每一棚的玫瑰都是同一品种，同时栽培，甚至同样高低，花苞也在一两天内相继绽放，但它们剪下的时间却绝不相同。一个大棚，100行玫瑰，每行至少有一两百个花苞，雇工一天要剪5次，但一行一天最多才可能剪下8朵。技艺精湛的花农能够不假思索地说出任何一朵花苞剪下的时间——一小时抑或一星期以后。

剪下的玫瑰，还要经过再加工。在专门的加工车间里，首先用机器哗哗削去茎上的刺，然后十几枝一束，捆成一捆，放入巨大的冷库冷藏6个小时。这之后，才到了打包航空运往世界各地的时刻。运费是最昂贵的，占成本的30%。花季时，一座花屋每天要剪下6000朵玫瑰。直到这时，玫瑰园主才可以稍稍松一口气。

非洲玫瑰有个显著的特点，就是没有香气。即便你身处玫瑰花屋，花香也是若有似无的。这又是为什么呢？原来，玫瑰，和一切花儿一样，开花就是为了散发芳香。散发芳香是“玫瑰的梦想”，所以一开花，玫瑰就会不顾一切地散发香味，剪下两天便香尽花凋。因此，现在的商业性玫瑰种植，从根茎培育开始就尽最大可能地扼制它的香气，这样，这些杂交玫瑰茎可长到一米多高，仍然粗壮结实，不会倒伏，花儿能维持两个星期不败，上市可卖个好价钱。谁都喜欢开得长久的花儿。想得到这样的花儿，就要改变花的形状、脾气，甚至拔掉它的刺、摘除它的根。

有句诗是关于玫瑰的："透过多少刺，为向往你的芬芳。你的一朵花，要给我多少创伤!"不知道非洲的玫瑰园主是否听过。也许，他们太过忙碌，无暇细品文字，也许，我们常人眼中的浪漫物件，在他们看来不过是几个月的汗水、几个季度的劳作。

甜美的果实往往用苦涩的汗水浇灌，梦幻般的浪漫也要靠双手的劳作来实现。每一朵玫瑰的背后竟然隐藏着这么繁琐的培育过程，在我们看来几个月的成长周期，就是一朵玫瑰的一生，从种子到幼芽，从花苞到鲜花，这背后要有经历各种各样的修建、整形、包装。这不是很像一个女人的成长史吗，从懵懂无知到情窦初开，从腼腆扭捏到落落大方，为人妻，为人母，青涩到成熟。难怪梅艳芳会唱："我有花一朵，开在我心中，含苞待放意悠悠。我有花一朵，花香满枝头，谁来真心寻芳踪。花开不多时，堪折直须折，女人如花花似梦。"

7. 随时清扫自己

女人排解苦闷的方式之一就是做清洁，《孤男寡女》里的Kinki不高兴了就拼命刷马桶，《魔幻厨房》里的慕容优心情不好就把所有的衣服熨一遍，《老友记》里的莫妮卡更是在焦虑的时候把全家做个里里外外的大扫除……清洁屋子，或是清洁某个东西，其实是在清洁自己的心。当你一箱又一箱地打包旧东西时，或者一遍一遍刷洗陈年污垢时，暗自惊讶自己竟然累积了那么多负累、污渍、脏东西。你是不是懊悔自己为何事前不花些时间整理，淘汰一些不再需要的东西，否则，今天就不会累得你连脊背都直不起来？

大扫除的懊恼经验，让很多人懂得一个道理：人一定要随时清扫、淘汰不必要的东西，日后才不会变成沉重的负担。在人生路上，每个人都是在不断地累积东西：名誉、地位、财富、亲情、人际关系、健康、知识等等；当然也同时包括了烦恼、忧闷、挫折、沮丧、压力等等。这些东西，有的早该丢弃而未丢弃，有的则是早该储存而未储存。这都是你打扫得不及时所致。问问自己：我是不是每天忙忙碌碌，把自己弄得疲累不堪，以至于总是不能好好静下来，替自己做“清扫”？

定期抽出时间来为自己做“心灵扫除”，可以让我们尽早丢掉那些阻碍我们前行的东西，为以后的进步扫清障碍。就好像是生意人的“盘点库存”。你总要了解仓库里还有什么，某些货物如果不能限期销售出去，最后很可能会因积压过多拖垮你的生意。

在人生诸多关口上，我们几乎随时随地都得做“清扫”。念书、出国、就业、结婚、离婚、生子、换工作、退休……每一次转折，都迫使我们不得不“丢掉旧的你，接纳新的你”，把自己重新“扫”一遍。

生命里填塞的东西愈少，就愈能发挥潜能。《重整行囊》的作者理查·J·赖德有过一次有趣的亲身经历。有一年他和一群好友到东非赛伦盖蒂平原去探险。当时，正逢东非遭受严重旱灾，在旅途中，理查随身带了一个厚重的背包，里面塞满了食具、切割工具、挖掘工具、衣服、指南针、观星仪、护理药品等。理查对自己的背包很满意，认为已为旅行做好了万全的准备。

一天，当地的一位土著向导检视完理查的背包之后，突然问了一句：“这些东西让你感到快乐吗？”理查愣住了，这是他从未想过的问题。理查开始问自己，结果发现，有些东西的确让他很快乐，但是，有些东西实在不值得他背着它们，走那么远的路。

理查决定取出一些不必要的东西送给当地村民。接下来，因为背包变轻了，他感到自己不再有束缚，旅行变得更愉快。理查因此得出一个结论：生命里填塞的东西愈少，就越能发挥潜能。从此，理查学会在人生各个阶段中定期解开包袱，随时寻找减轻负担的方法。

生命的进行就如同参加一次旅行。你可以列出清单，决定背包里该装些什么才能帮助你到达目的地。但是，记住，在每一次停泊时都要清理自己的口袋：什么该丢，什么该留，把更多的位置空出来，让自己活得更轻松、更自在。

不过，有时候某些因素也会阻碍我们放手进行扫除。譬如，太忙、太累；或者担心扫完之后，必须面对一个未知的开始，而你又不能确定哪些是你想要的。万一现在丢掉的，将来又捡不回来，怎么办？的确，心灵清扫原本就是一种挣扎与奋斗的过程。不过，你可以告诉自己：每一次的清扫，并不表示这就是最后一次。而且，没有人规定你必须一次全部扫干净。你可以每次扫一点，但你至少应该立刻丢弃那些会拖累你的东西。

8. 放自己一条“生路”

“宝玉，你好……”念着这半句话，林黛玉活活把自己给逼死了。在林黛玉的观念里，这个世界上，除了宝玉，没有任何其他人可以依靠，除了嫁给宝玉可以活下去，其他的都是死路。一个女人把自己往“死角”里逼，即便别人再怎么拉她，她也“活”不过来啦！

还是想开点儿，放自己一条生路吧。在这个社会里，没有什么是一成不变的，身边的各种事物都在时时刻刻发生着变化，女人要学着给自己寻找“生路”。职场和生活存在各种各样的规章制度，倘若女人在变化中依然墨守成规，使用固定的思维模式，守旧的进行工作和生活，那么你跟幸福总会两两相望。相反，在与时俱进中打破常规中的自我，不断推陈出新，就能取得更高层次的成功，就能拥有更多“生路”。

前任惠普总裁菲奥莉娜是我非常欣赏的一位女性，看她的自传《勇敢抉择》，为她的大胆和勇敢叫好。大学时代，菲奥莉娜读的是历史专业，毕业之后，她想读研究生继续深造，却在专业上犯了难。按照自己的意愿的话，她觉得学习历史、哲学、宗教这一类很有意思，可是，父亲很希望她在法律方面有所建树。为了让父亲开心，菲奥莉娜违背自己的意愿，选择了法学院。但是，不幸的旅程从此开始了。

法学院课程多课业任务繁重，菲奥莉娜被压得喘不过气来，她的身体状况变得很糟糕，她失眠，神经衰弱，头痛，各种各样的小毛病似乎要联合起来让她的身体罢工。她觉得自己已经看到了死神的狰狞面孔。再继续下去，她的小命就完蛋了。可是中途放弃，她就会成为家庭中难堪的loser！究竟要拿性命做赌注，还是要把父亲的心愿完成？菲奥莉娜认真权衡之后，终于鼓足勇气，做出一个让家人、朋友咋舌的决定：退学！

没有了法学硕士光环，菲奥莉娜只能以一个历史系本科生的身份去投简历、找工作，她在起步阶段做的就是最基础的前台接待文员工作，但是她很开心。她喜欢跟公司里的人打交道，她觉得在活生生的职场里学到的东西比书本里学到的要多得多。她住的是廉价简陋的小房子，但是她快乐，她自食其力。终于，皇天不负有心人，她逐步积累起来的工作经验在日后发挥了重大作用，她顺利地进入了惠普公司，并逐步走向高层！

任贤齐的歌里怎么唱？“往前一步是黄昏，退后一步是人生。”也许我们在面临选择和人生的十字路口的时候就是这样，钻死胡同、钻牛角尖只会让自己筋疲力尽最后无功而返，倒不如放自己一条“生路”，打破规则和偏见的束缚，才能看到幸福明天的曙光。

特别是在爱情、交友方面，女人容易较真认死理，认定一个男人，他若不爱自己就觉得满世界都灰暗。其实，坦率地说，这个世界上谁离不开谁？谁被规定了只做一件事？选择爱人也好，选择朋友也罢，选择工作也是这个道理。人生总会碰到许多走不通的路，在这个时候，你应当换个思路考虑问题，重新操作。条条大道通罗马，想追求成功又不失快乐心情，秘诀就是：如果这条路走不通，就立即改换方式，重新选择另外一条路走。鲁迅先生说过，这个世界上本没有路，走的人多了，就成了路。我们不妨改装一下：这个世界上没有“死路”，只要你肯转变，就能找到“活路”。

9. 性别：女；爱好：男

性别：女。爱好：男。目标人物：基因好的男生。

美女阿黛在某著名征婚网站上这样填写了自己的征友信息，我们一点儿都不怀疑她脑子被驴踢了、门挤了或者火车碾了，我们困惑的是，居然有那么多男人给她写信！

“这就叫吸引眼球吧？”Q妹对阿黛的行为极端痛恨，又有点悔不当初。要是自己有这勇气征婚，会不会找个更好的老公？

“绝对不会啦，你不是那种把男人当爱好的人，自然也就无法从爱好当中体会到乐趣，哇哈哈！”阿黛满有收获乐此不疲地说。

我们一致认为，阿黛玩得有点出圈了。作为我们“内阁”最后一个大龄单身女青年，阿黛的婚姻大事成为我们关注的焦点，我们几个的着急程度丝毫不亚于阿黛的妈妈，但是阿黛就是静不下心来跟某男老老实实过日子。她说，不能为了一棵树而损失整片森林。

“除了男人，你就不能培养点儿别的爱好？”我们问。

“睡觉嘛！”阿黛把头埋进枕头里，立刻进入准睡眠状态。

我们彻底服了。

好话坏话说了一大堆，说得我们都没兴趣再说了，阿黛矢志不渝，我们只好闭嘴，转而自我安慰。也好，至少她有个爱好，若是连男人都不爱了，女人活着还有啥意思？在阿黛眼里，帅哥型男就相当于一部部型号不同功能各异的单反相机，或者手机，或者畅销书，或者唱片，或者漂亮衣服……总之，她没太把他们当回事，不过是个“爱好”而已，工作之外，茶余饭后，赏心悦目，愉悦身心。阿黛说，这是最低碳环保的爱好，应大力提倡。一不小心对哪个“收藏品”来个情有独钟，一辈子也就守过去了。

如果你没勇气成为阿黛这样的“色女郎”，培养个其他爱好也不错。听到有些人抱怨说，日子无聊，不知道怎么过。我很惊讶，怎么会这样？我事情多得做不完，好多好玩的事没时间做！可以读书，可以看电影，可以到街边小店淘宝，可以练书法，可以练瑜伽，可以网游打打杀杀，可以养花草，可以逗宠物……休闲的时光不要太美好啊！再不济，像阿黛一样跟帅哥抛个媚眼也是好的——若是男友、老公是醋坛子，请勿贸然尝试。

爱好是生活的调料，让生活有更多口味，更多乐趣。有人说，生活是一顿大餐，你总不希望大餐只有主食没有小菜吧，若是光有馒头、米饭、大鱼大肉，这“大餐”吃起来也没什么意思。真正给人留下深刻印象、让人回味无穷的，通常是大餐里某一道菜肴或点心，它不占据你太多时间和空间，却极大地刺激你的视觉和味觉，让你对整顿大餐都产生了美好印象。爱好就是我们生活大餐中的这样一道甜点，它只占用你零散的时间，却让你对这星星点点的时间无限神往，跟它相处的时候格外愉快，爱好的存在让你觉得生活每天都充满了期待！

美女们，不要再让自己无聊下去了，赶紧在脑里搜索一下自己有什么感兴趣并且想做还没做的事情吧！你喜欢静的？那好，书法，绘画，刺绣，陶艺，雕刻，拼图，字谜，收集布偶，布艺制作……你喜欢动的？没问题，攀岩，游泳，高尔夫，骑马，跑步，直排轮……健康的爱好会伴随人的一生，让你不再为情所困，为爱烦恼，不至于在“爱情空窗”或者“职场空窗”的时候六神无主。它让你时时为之自豪和沉醉，它也会时时给你快乐，充盈你的生命，让你拥有一个富足的人生。“沉醉”，是种很棒的感觉，当你发现有件事情可以让你全神贯注时，千万别错过了。从今天开始好好强化一下自己的爱好吧！

10. 颈椎在抗议

我从小在家父的教导下具有了钢铁般的意志，深信“轻伤不下火线”，最后一分钟也要斗争在革命的最前线。读书时抱着这个念头，后来参加工作依旧是“拼命三娘”。当时老板常说：“亲爱的小张同志，若是我所有员工都像你这么拼命，我的企业该多么生机勃勃啊！”我当时还美呢，倒不是因为老板夸我，而是我在争分夺秒为自己挣时间。我总觉得生命是有限的，时间是很短的，我必须在一辈子里活出两倍的精彩。所以，别人在工作的时候我加劲儿工作，别人在休息的时候我还在工作。我跟自己赛跑，达到了自虐的程度。

后来，忽然有那么一天，我想上班，却动不了了——颈椎和腰椎同时发出抗议。常年看书写字，又不注意运动，颈椎和腰椎都有变形的迹象。片子是早就照过的，医生也早就命令我休息，但是对于我这种有切格瓦拉情结停下来就想死的革命悲壮人士来说，躺在床上什么都不做岂不是犯下了滔天罪行。于是，我把 X 光片都扔在箱子底，医生的话扔到九霄云外，以更加猛烈的姿态投身到企业家们的压榨机当中去，高高兴兴地看着自己的血汗流向他们的腰包。直到那个早上，我一阵眩晕，天旋地转，四肢冰冷发麻，几乎不能动弹，才知道我“未老先衰”已经到了多么严重的程度。由于颈椎变形压迫神经，它已经严重影响我的行动，甚至呼吸了。

我害怕了，必须得休息。说出来不怕你笑话，我倒不是怕死，我怕瘫痪。若是变成张海迪怎么办？变成郑智化也不行啊！人家是患有疾病不幸与轮椅相伴，我呢，活脱自己作践自己，该休息的时候不休息，把自己累成半个植物人，难道要去跟僵尸玩大战？再想到我可怜的老公，虽说不上英俊潇洒却也是正值壮年，大好的年纪让人家每天服侍我穿衣吃饭上厕所？他愿意我也不好意思啊！万一，啊，万一他是个没良心的，到时候不管我了，把我扔给一个恶毒的看护，他自己找年轻漂亮的小妹妹去，我哭都找不到频率哇。想到在论坛上看到的一句话："女人谨记：必定要吃好玩好睡好喝好，一旦累死了，就是别的女人花咱的钱，住咱的房，睡咱的老公，泡咱的男朋友，还打咱的娃！"瀑布汗，不行，我这光忙着拼命挣钱，还没功夫花呢，可不能这么半身不遂地倒下去。休息，从这一天开始！

鼓足勇气，交上假条。在老板惊诧的目光中，我拎包回家休大假去了。老板惊诧，绝对不是担心我的病，而是怕我这样的"模范标兵"都去休假了，其他人纷纷效仿，他的资本主义机器就停止运转了！

管他的！我给自己放了将近两个月的假，除了医生要求的康复理疗之外，使劲儿让自己玩，休息，换脑子。放假的第一天，我一直睡到自然醒，然后煮了一锅五谷杂粮熬成的粥，又打开电视看电影，美滋滋地耗过了大半天。啊，原来生活可以这样美好，这样惬意！傍晚当我站在阳台上，看到落日如一个圆圆的橙子落在楼群的空隙之间，眼前拥挤的城市空间突然变得美丽了，浑浊的空气也有了一种雾气一样的诗情。原来喧闹的北京城也有这么美丽的落日！在两个多月的时间里，我每天都有充足的时间去休息，穿棉布衣服，做瑜伽，买各种蔬菜水果，变着花样给老公做吃的。我惊讶市场上竟然有那么多花里胡哨我叫不上名字的水果。颈椎和腰椎的疼痛逐渐消失了，眼睛不迷离了，手脚不麻了，呼吸不局促了，浑身上下每个汗毛孔都那么轻松舒畅！当有一天在小区遛弯儿听到一个小女孩儿对我说："阿姨，你真漂亮！"时，我知道自己的青春和美丽又回到了脸上！

革命的战士永远年轻啊！经过这样的一番调整，我又可以投入到新一轮的战斗中啦！

这次颈椎病让我对健康产生了前所未有的重视。以前我总是跟自己较劲：你又不是拉板车的，要个好身板做什么，必须要把全部的精力投入到工作中！可是，颈椎痛起来，真的是什么事情都做不来，痛也就罢了，还影响到眼睛、呼吸、胳膊腿，我连孩子还没生过呢，怎么就早早挂了？经过那次折腾，我警告自己事情再多也不能一口气做完，总得让身体有休息的时间，否则，拿命换钱容易，拿钱换命可难了。工作不可能一天都做完；钱不可能一天都赚尽，悠着点，身体是一切的本钱，有了好的身体，你才能做更多的事，才能赚更多的钱，才能享受成果。生活苦不要紧，最怕的是连心也苦了，让心不堪重负。放下包袱，不为工作而忧虑，不为生活而焦急，该做的时候做，该考虑的事考虑，而该休息的时候就休息！

11. 健身大魔咒

“没办过健身卡的人也好意思跟我们聚会?”M女在某次“内阁”会议上严重向我抗议。几个白骨精一样的骨干的女人向白胖的我声讨，好像她们的纤细胳膊腰肢真是在健身房里练出来的似的。我说，你们的健身卡用过几次？她们各个紧锁眉头说，我们这不是忙嘛！哦，合着办健身卡只是一种态度，用不用则在其次。

虽然我对闷在屋子里朝着一堆器械流汗的健身方式并不感冒，但是几位闺蜜的好身材实在让我心动。说不定，我去办个卡，督促自己运动一下，也能练成她们那样的好身材？我拍着腰间的游泳圈斟酌再三，决定去一家京城小有名气的健身俱乐部实地考察一下。哎，不看不得了，那里男教练的身材完美得像大卫石膏像，女教练身材更如铁打的雅典娜女神。我一见倾心，早把理智分析切莫冲动消费这回事忘到了爪哇岛，喜刷刷就刷卡交钱报了名。

第一天报到，教练让我做体能测试。我说，我颈椎腰椎都不好，怕是不适合力量型运动吧。教练并不回答，只是用一系列奇特的公式换算着我的脂肪值，然后说：“体能不错，但是脂肪值有点高!”我面红耳赤，脑门儿一层汗，弱弱地问一句：“怎么减呢?”教练说：“听我的，保准你三个星期就可以恢复正常，一星期至少来三次!”

哇，九次健身就可以换我健康体魄完美身段？成交!

教练带着我在一排排冰冷的金属器具之间穿梭。它们还只是最简单功能最单一的器械，几根钢条和几十颗螺丝拼在一起，让我想到了古代的某种刑具。这些匪夷所思的东西真的能把我变得很瘦很骨感？我随便拉了拉手边的一个杆子，说："我们开始吧！"

教练把我弄上了一架跑步机，并且定时二十分钟。马达开动，我像只做实验的老鼠一样被连带着疯狂跑动起来。这不是一般的可怕，我很快就心跳急促，呼吸困难，再加上自己是容易出汗的体质，没用几分钟我已经大汗淋漓像洗澡，气喘吁吁要没命。教练在给别人指点，我碍于面子，不想在一群小姑娘小伙子面前丢脸，硬是坚持着，拼命"奔跑"着。二十分钟一到，我便软柿子一样从机器上瘫软下来。

原以为噩梦结束，谁知刚刚开始。教练看着面似紫茄子的我，说，很好。然后又把我送上另外一架类似滑雪器的机器上，又定时二十分钟。于是，我再次扮演"疯狂老鼠"的角色，伴随着马达转动使劲儿蹂躏自己的双腿和心肺。

时间到了，我已经有点儿精神恍惚。从机器上下来，站到电子体重计上一看，哇，竟然轻了整整一公斤！虽然明知道这是汗出得太多，脱水而已，我却免不了自欺欺人地兴奋起来，并决定将健身进行到底！

后来，我又去了第二次，第三次。直到第四次，我的生命受到严重威胁！那一次练的是动感单车，教室前方有巨大的电视屏幕，里面播放着刺激紧张的自行车越野赛。教室里还有环绕立体声的动感音乐，我们上了单车，就像开始一段惊心动魄的逃亡之旅。我咬牙切齿，挥汗如雨，汗水流到眼睛里都来不及擦一下。教练不时地在我们身边高喊："GO！GO！GO！"他在女人跟前喊："女人，加油加油加油！"又跑到男人跟前喊："男人，加油加油加油！"那激烈的口号刺激下人真能产生一种征服世界战胜所有人的野心呢。

可惜，我的野心刚刚燃起，体力就跟不上了。不知道是虚脱还是什么别的原因，教练在我眼中有了重影，郑秀文的动感舞曲在我耳边也变成了噪音，我眼前发黑，趁着还保留最后一丝清醒，狼狈地从这场激烈的战役中退下来。我坐在地板上，看着每个人的单车下面都有一摊汗，年轻的男人女人们还在疯狂地冲刺冲刺，我对自己说：“你三张了，为什么跟自己这条老命过不去？咱不就脂肪值高点儿吗，以后不吃肥肉吃瘦肉还不成！”

健身之旅从此结束，那张健身卡也作为礼物转赠给别人。那人接过卡时满眼感激，恨不得下一秒就投身到健身的伟大事业中去。我想，我是不会再那么折腾自己了，我不要健身，我只想健康，练练瑜伽，或者学学太极，做点舒缓的轻柔的运动，也许才是我这个岁数该做的事。

12. 旅行的意义

最美好的旅行是在单身时代完成的，那会儿还在学校，没钱，但是有大把的时间。一个学期省吃俭用，再加上自己打工挣的零用钱，刚好够一趟旅游的费用。火车选最慢最破的，不怕苦不怕累，只为沿途看风景；旅店不用住得太奢华，只要安全和干净。身上最贵重的是一个装乐凯胶卷的傻瓜相机，走哪儿拍哪儿。

那个时候，“背包族”的概念还没普及，但是已经有这样的人。某次我在去大理的火车上遇到三个男孩子，每个人背一个半人多高的大背囊，说说笑笑，洒脱不羁。这是多么健康朝气的一种生活状态，当时我想，我要一辈子做这样的人该多好。

后来，我参加了工作，几乎没有出去旅行的时间。或是工作或是办事，跑到其他的城市，总是匆匆忙忙赶火车赶飞机，再没有欣赏美景的性质。手机可以拍照，相机也换成了数码的，但是里面越来越多的是自己自恋而夸张的自拍照，好像其他东西都入不了自己的法眼似的。警觉自己沦为一个不懂风情的人之后，我很恐慌，于是跟着朋友参加了一个“九寨沟”之旅，好像仅仅是为证明自己是个爱旅行的人。

那是一个让人抱憾终身的糟糕旅行。我的印象里没别的，只有一个字，人。到处是人，人山人海。所有的景色全看不见，只看见人，仿佛那些山那些树都是人做成的，他们穿着五颜六色的衣服，拎着或大或小的包，左右手齐开弓拎着各色塑料袋装满吃的喝的。走在青山绿水之间，他们嘴里聊的是“这边有什么东西可买”；坐在观光车上，他们玩的是“杀人游戏”。我攥着拳头劝自己不要发作不要跟同行的人争吵，但是最后我选择的还是半路当逃兵，提前结束这个混乱无序毫无美感可言的旅行。

与我相反的是同行的朋友。她吃了一路，玩了一路“杀人游戏”，沉重的单反相机在硕大的旅行背囊里一直没拿出来，却高兴得不得了。听说我要提前回家，她惊诧极了，说，不是你要出来旅行的么？我说，这样的旅行毫无意义，看不到山水，到处是人，比在城市里待着还累。她想了想说，那你就不应该出来旅行，应该在家看风光纪录片。我语塞。

一个人等火车，我想了很多。想到陈绮贞唱《旅行的意义》。她的旅行意义是忘记一个人，我旅行的意义呢？天啊，我的旅行原本没意义，这多可怕。我只是为了旅行而旅行，我只是头脑一热对自己说“我很久没旅行了”，然后就选了一条线路出发。

想象中的旅行，应该是鸟语花香，浪漫诗意的；应该是驿路梨花，超凡脱俗的。这样的旅行应该涤荡灵魂，洗清心中的尘垢，应该解放束缚的手脚，丢掉一切压力和负担，应该为所欲为，横空出世，玩它个天翻地覆不在乎。然而，这些仅仅是一厢情愿的想象而已。

现实中的旅行像赶场，一个景点接着一个景点，一次购物挨着一次购物。没等你相机的三脚架支好，导游已经催促你上路。由不得你认认真真为一棵树、一块石头拍特写，因为旁边总有无数的人要“到此一游”合影留念。你感受不到民风淳朴，你会不断被街边小贩哄骗着喝两块钱一碗的粥、五块钱一瓶的水。你心累，腿也累，想歇一歇，这时候手机又响了，远方的老板追过来问：“你哪天回来，有稿子要修改呢！”兴致全无。

这一次，彻底断绝了我对旅行的期待。至少，绝对不再跟团到热门景点观光游览了。朋友说得对，在家看风光纪录片更好，只要买个大一点的电视配上舒缓的音乐，再来杯红酒就更完美了。大好河山尽收眼底，不比跋山涉水地到人堆里挤着强？

或许，我们真正需要的是一次次心灵之旅，空间旅行也是为了放松身心，清洗心灵。不管去多好的地方，心得不到休息，思维不能跳转，无法彻底松弛下来，这个旅程就没有意义。相反，如果你的心彻底“放下”了，宁静了，呼吸到了新鲜的空气，那么，即便身在钢筋水泥的都市石头森林之中，也能体会“旅行的意义”。

就这样吧，不再为了旅行而旅行，不再处心积虑计算假期，不再浏览旅行社的打折彩页目录，不再关注最近出了什么著名的景点。与其去扎堆看人，不如安安静静养心。心安下来，斗室既是乾坤，方寸亦为宇宙。